工程建设项目招标投标投诉处理实例解析136例

主　编　白如银

副主编　林　新　马宏图　万雅丽

成　员　郑　滨　余丽英　郑　晶　黄盛宏

陈　怡　夏　乐　殷　娇　梁瑜珏

陈堉嘉　张　薇　谢逸君　陈梦婕

刘　敏　陈　婕　林　英　许心蕊

苏　静　王　晗　王振鹏　马　晶

马　悦　李雅男　徐天书　辛　洁

机械工业出版社

本书按内容类型，分“基础篇”“程序篇”“实体篇”三部分结构排兵布阵。“基础篇”讲述投诉制度基本法律规定和程序性要求；“程序篇”分析关于投诉主体、招标投标基本程序、投诉受理条件等程序性争议；“实体篇”分析投诉案件中反映的主要投诉事项类型、请求及具体问题处理方法、认定等方面的争议案例。

基于此，本书收集、整理136个涉及投诉的案例，剖析案情、阐释法条、揭示风险、提出对策，希望能给招标人、评标委员会、投标人、行政监督部门以及众多的投诉人以参考启迪、解疑释惑和合规建议。

图书在版编目（CIP）数据

工程建设项目招标投标投诉处理实例解析136例 / 白如银主编. —北京：机械工业出版社，2024.7

ISBN 978-7-111-75857-0

Ⅰ.①工… Ⅱ.①白… Ⅲ.①建筑工程-招标-研究②建筑工程-投标-研究 Ⅳ.①TU723

中国国家版本馆CIP数据核字（2024）第100046号

机械工业出版社（北京市百万庄大街22号 邮政编码100037）
策划编辑：关正美　　责任编辑：关正美
责任校对：高凯月　陈　越　　封面设计：严娅萍
责任印制：张　博
北京建宏印刷有限公司印刷
2024年7月第1版第1次印刷
130mm×184mm · 12.75印张 · 243千字
标准书号：ISBN 978-7-111-75857-0
定价：69.00元

电话服务
客服电话：010-88361066
　　　　　010-88379833
　　　　　010-68326294

网络服务
机　工　官　网：www.cmpbook.com
机　工　官　博：weibo.com/cmp1952
金　　书　　网：www.golden-book.com
机工教育服务网：www.cmpedu.com

前　言

建设工程是招标投标制度的主要适用领域。在建设工程招标投标活动中，招标人与投标人、潜在投标人及其他利害关系人发生争议在所难免，当事人可以通过异议、投诉程序来处理，也可以通过诉讼、调解、仲裁等其他程序处理，前者更常用、更便捷、更全面、更有效。

投诉是招标投标相关法律法规赋予当事人救济维权的主要法律途径，招标人、投标人应当从投诉案件中注意哪些法律合规风险，哪些人可以投诉，投诉人如何正确地提起投诉，行政监督部门应否受理投诉、如何正确地处理投诉……对这些问题，通过研读真实发生的投诉案例，可以从鲜活的素材中直观地找到答案，并引发思考，进而推动招标人依法合规组织招标活动、投标人依法诚信参与投标、行政监督部门依法行政处理投诉并解决争议。基于此，本书收集、整理了 136 个涉及投诉的案例，依据《中华人民共和国民法典》《中华人民共和国招标投标法》《中华人民共和国建筑法》等法律法规剖析案情、阐释法条、揭示风险、提出对策，希望能给招标人、评标委员会、投标人、行政监督部门以及众多的投诉人以参考启迪、解疑释惑和合规建议。

本书按内容类型，分“基础篇”“程序篇”“实体篇”三部分结构排兵布阵。“基础篇”讲述投诉制度基本法律规定和程序性要求；“程序篇”分析关于投诉主体、招标投标基本程序、投诉受理条件等程序性争议案例；“实体篇”分析投诉案件中反映的主要投诉事项类型、请求及具体问题处理方法、认定等方面的争议案例。需要说明的是，本书引用的案例都是真实发生的，来自于各地发展改革、水利、住房城乡建设、交通运输等行政监督部门发布的招标投标投诉处理决定，少量为人民法院作出的涉及投诉的司法裁判文书。为了行文简化需要，删减了程序性描述及招标人陈述、被投诉人申辩等相关内容，主要保留投诉人与被投诉人信息、投诉主张和请求、行政监督部门查明事实及处理决定等内容，具象化全景式、多维度展示工程招标投诉涉及的程序和实体问题。

囿于学识见解和实践经验的局限，本书难免存在不足之处，敬请读者批评指正。

本书编者

目　录

第一章

基础篇

“没有诉权，就没有法律。”——法谚

第一节　招标投标民事争议解决方式

招标投标本身属于缔约性、竞争性的民事法律行为，在《中华人民共和国民法典》（以下简称《民法典》）基础上，有专门的《中华人民共和国招标投标法》（以下简称《招标投标法》）严格规定了通过招标方式缔结合同的程序，全面规范合同订立的要约邀请—要约—承诺全流程，与其他订立合同的方式相比，其环节多、程序性强、法律规范严，有一定特殊性。就招标投标活动中的程序或实体问题的处理，招标人、投标人和利害关系人认识有分歧、做法不严谨，各方产生争议纠纷也很正常，可能是涉及招标文件、招标投标程序方面的争议，也可能是评标结果、签约履约方面的争议，这些争议因为是缔结合同过程中产生的争议，就应当按照解决合同争议的方式和规定来处理。

依据《民法典》《中华人民共和国民事诉讼法》（以下简称《民事诉讼法》）《中华人民共和国仲裁法》（以下简称《仲裁法》）、《中华人民共和国人民调解法》（以下简称《人民调解法》）等法律规定，常见解决民事争议的方式有以下四种：

（1）协商解决。协商解决是当事人之间在平等自愿的基础上，经过友好协商达成和解协议解决争议。

（2）调解解决。调解解决是由调解机构（如各类人民调解委员会）或调解人主持，对纠纷双方当事人进行调停、说和从而达成调解协议。协商解决和调解解决这两种方式达成的和解协议、调解协议实际上是就招标投标争议解决结果达成的专门的合同，对协议双方具有法律约束力，当事人应当按照协议约定履行；一方拒绝履行的，仍可以通过仲裁、诉讼方式来解决。经人民调解委员会调解达成调解协议后，双方当事人认为有必要的，可以自调解协议生效之日起三十日内共同向人民法院申请司法确认。人民法院依法确认调解协议有效，一方当事人拒绝履行或者未全部履行的，对方当事人可以向人民法院申请强制执行。

（3）仲裁。仲裁是当事人申请仲裁机构对纠纷进行审理并作出裁决。

（4）诉讼。诉讼是当事人诉请人民法院依法审理作出判决或裁定，也就是我们常说的“打官司”。仲裁机构作出的仲裁裁决或者人民法院作出的判决书、裁定书或调解书具有强制性，各方当事人必须遵守和执行。一方当事人拒绝履行生效仲裁裁决或司法文书的，另一方当事人可向人民法院申请强制执行。

上述四种方式，都可以作为解决招标投标争议的纠纷解决方式。

不同的民事争议解决方式，程序不同，要求不同，成本不同，能够解决的争议事项也不同。相对来说，协商、调解方式程序便捷，效率高，速度快，成本低，可以普遍应用，尤其现在国家推行多元调解机制，鼓励通过各种途径调解解决争议，调解协议通过公证或司法确认，也可以赋予其强制执行效力，与仲裁裁决、法院判决在执行方面效果等同，更是增强了适用价值。仲裁可以用来处理中标合同纠纷，对于合同签订之前招标投标过程中的争议能否处理，现在仍在探讨，尚不能广泛采用。诉讼是解决民事争议的重要方式，是其他争议解决方式处理不了之后的最后一个选择，其缺点在于程序复杂、滞后，时间成本、诉讼成本也比较高，通过诉讼方式能够解决的招标投标争议纠纷范围也有限，后面会讲到这一点。

由上可见，在招标投标活动中发生的民事争议，相关当事人双方可以协商解决，可以通过民事诉讼程序解决。除此之外，还有举报、信访途径，还可以通过招标投标法特别规定的异议、投诉程序来处理。当然，招标投标活动当事人也可能与行政机关发生行政纠纷，比如对行政机关作出的投诉处理决定不满意，可以提起行政复议、行政诉讼来主张权益，另当别论。异议、投诉程序是《招标投标法》基于招标投标活动的特性特别设置的争议解决机制，通过招标投标活动当事人双方直接处理争议以及行政机关应投标人及其他利害关系人的请求介入裁决处理民事争议纠纷，体现效率高、及时性的特点，大多数招标投标争议通过这些环节也就解决了。即便对于投诉处理决定不服的，还可以提起行政复议、行政诉讼来解决，维权方式多元化，一层一层既剥离、解决了大量民事纠纷，也确保了重大的分歧最终有司法的保护。

需要注意以下两方面：

（1）注意区分异议、投诉与信访、举报的区别。

在信访、举报主体上，无论是潜在投标人、投标人和其他利害关系人，还是无利害关系的其他人都可以提起信访或者举报；但只有潜在投标人、投标人和其他利害关系人才可以提出异议、投诉，与招标投标活动无利害关系的其他人，不能提出异议或投诉，只能举报。

在信访、举报时间上，信访人、举报人可以随时对违法情形进行信访、举报，并没有时间限定；而提出异议、投诉是有时效限制的，逾期的异议和投诉不予受理。

在信访、举报条件上，信访人信访、举报人举报时只需提供相关违法线索即可，不以受到损害为前提条件；提出异议、投诉的缘由是当事人认为自己的利益受到损害。

在受理部门上，信访的受理机构是各级国家机关、相关单位，举报的受理机构可以是招标人，也可以是行政监督部门，还可以是纪检监察部门或相应的司法机关；但异议的受理主体是招标人、投诉受理主体是有权力的行政监督部门。

在处理时限上，信访事项应当自受理之日起 60 日内办结，举报没有法律限定；但对异议、投诉的处理有明确的时间限制。

在信访、举报方式上，可以采用信息网络、书信、电话、传真、走访等形式，向各级机关、单位反映情况，提出建议、意见或请求。信访是实名的。举报也类似，是书面形式还是电话举报或者当面举报，以及实名举报还是匿名举报，都没有限定。而异议和投诉要求比较严格，应当实名，而且除了开标异议，其他异议和投诉活动应采用书面形式。相比较而言，举报非常宽松，没有这么多条条框框的限制，没有专门的法律规定。信访按照《信访工作条例》执行，有相对完善的制度。《招标投标法》规定的异议和投诉制度也非常具体、详细。

（2）提出异议、投诉是可以普遍适用的处理招标投标纠纷的法定程序，诉讼并不普遍适用于所有招标投标纠纷，并非对招标投标的所有争议都可以起诉。

先看下面两个案例中的裁判观点。

【案例1】

（2017）湘04民终××号民事裁定书

龙某租赁××公园内场地进行承包经营，租赁合同期限届满，××公园就该经营场地进行招标，龙某未参加投标。发布中标人公示后，龙某在租赁期限届满并未退出该场地，该公园诉至法院。本案中，就龙某提出的请求确认 ×× 公园组织的招标投标结果非法无效的诉讼请求，法院认为，根据上诉人的诉讼主张，即确认 ×× 公园于 2017 年 1 月 10 日至 2017 年 1 月 20 日对 ×× 市 ×× 区 ×× 场地的所谓招标投标结果非法无效，并判令 ×× 公园依法组织新的招标投标。上诉人不具有该涉案招标投标民事诉讼的主体资格，且招标投标是否非法无效也不属于人民法院民事诉讼受案范围。《招标投标法》具有行政管理性的特点，根据该法第六十五条的规定，“投标人和其他利害关系人认为招标投标活动不符合本法有关规定的，有权向招标人提出异议或者依法向有关行政监督部门投诉”。其赋予了投标人及其他利害关系人在招标投标过程中相应的救济途径。本案中，上诉人并非投标人，其系基于先前的租赁合同约定，与招标投标的结果具有一定的利害关系。因此，如果上诉人认为本案所涉的招标投标违法，可以向有关的行政监督部门投诉，而并非以此提起确认该招标投标无效的民事诉讼。根据最高人民法院《民事案件案由规定》，人民法院受理与招标投标有关的两类民事纠纷案件，即招标投标买卖合同纠纷及串通投标不正当竞争纠纷。而招标投标是否非法无效不属于人民法院民事诉讼受案范围。因此，上诉人上诉认为，本案属于人民法院受理范围无事实和法律依据。

【案例2】

（2018）苏01民终××号民事裁定书

省消防总队对该省消防应急救援指挥中心项目土建及水电安装工程（以下简称指挥中心项目）进行招标，全×公司为第一中标候选人，高×公司为第二中标候选人。高×公司就评标结果提出异议，该省消防总队发布中标候选人二次公示，高×公司为中标候选人，取消全×公司的中标候选人资格，由此发生争议。全×公司以该省消防总队与高×公司在指挥中心项目招标过程中恶意串通损害其利益为由提起诉讼。请求法院判令取消高×公司的中标候选人资格，确认全×公司为中标人。法院认为，根据《招标投标法》和《中华人民共和国招标投标法实施条例》（以下简称《招标投标法实施条例》）的相关规定，对投标人中标与否应由评标委员会评审排序，并由招标人确定中标人；投标人和其他利害关系人认为招标投标活动不符合法律有关规定的，有权向招标人提出异议或者依法向有关行政监督部门投诉。因此，上诉人全×公司要求取消高×公司的中标候选人资格，并确认全×公司为中标人的诉请，不属于人民法院民事诉讼案件的受理范围。

通过以上两个案例来看人民法院的裁判观点，我们可以更加准确把握人民法院受理涉及招标投标争议的民事案件范

围。上述案例，法院的观点是一致的，人民法院受理与招标投标有关的两类民事纠纷案件，即招标投标买卖合同纠纷及串通投标不正当竞争纠纷，而招标投标是否非法无效、中标候选人资格是否合格等纠纷，都不属于人民法院的民事诉讼受案范围。还有大量的案例，法院的观点也是相同的，如：未中标人对招标投标过程和结果提出异议，应由有关行政监督部门进行认定和处理，人民法院不予受理[一]；诉请确认中标无效、取消中标候选人资格、重新确定中标人的，不属于人民法院受理民事案件范围[二]；评标委员会的组成是否合法，不属于人民法院的管辖范围，人民法院无权认定[三]；未中标的投

[一] 如在（2018）粤民申 ×× 号民事裁定书中，广东省高级人民法院认为，本案……提起民事诉讼，请求确认招标投标结果以及横某资产管理中心根据中标结果与华某学校签订的合同无效。相关法律法规并没有规定可以通过民事诉讼程序对招标投标活动中是否存在违法违规行为以及招标投标结果的效力进行审查……招标投标活动中的未中标者对招标投标过程和结果提出异议，应由有关行政监督部门进行认定和处理。

[二] 如前述（2018）苏 01 民终 ×× 号民事裁定书所述情形。

[三] 如在（2019）黑 10 民终 ×× 号民事判决书中，牡丹江市中级人民法院认为，关于上诉人建筑公司主张评标委员会与被上诉人 ×× 有利害关系的问题，根据《招标投标法》第六十五条的规定，该委员会的组成是否合法不属于人民法院的管辖范围，人民法院无权认定，上诉人如认为该委员会的组成不符合法律规定，应向相关行政监督部门投诉，由相关行政监督部门进行认定及处罚。

标人起诉中标合同无效不属于人民法院民事诉讼受案范围[1]等，在此不再赘述。

可以说，在招标投标活动中，当事人有了争议纠纷，应当首选异议、投诉程序依法快速处理，对投诉结果不满意，还可以通过行政复议、行政诉讼解决；但招标投标过程中有大量的民事争议，招标投标当事人不能直接提起民事诉讼，人民法院不予受理。因为，尽管“法院不得拒绝裁判”，但从民事诉讼法来讲，只有列入人民法院受理民事诉讼范围的案件，人民法院才有权受理并作出裁判。《民事诉讼法》第一百二十二条规定了民事诉讼案件的起诉条件，其中一项是“属于人民法院受理民事诉讼的范围”。这是指请求人民法院裁判的争议事项必须在人民法院能够行使民事审判权的职权范围内，即人民法院的管辖范围内。具体到招标投标活动中产生的民事争议，根据最高人民法院《民事案件案由规定》，

---

[1] 如在（2008）池民三初字第 ×× 号民事判决书中，池州市中级人民法院认为，如果落选未中标人对招标人、评标委员会评标等行为的合法性提出质疑，要求法院确认与中标人的签约无效并诉至法院时，首先是原告的主体资格难以成立。从一般民法原理出发，落选者不具备原告资格。其次，因为政府机关、评标委员会等是否存在违规操作，都不直接属于民事诉讼的审查范围，因此民事诉讼无法启动审判程序。未中标人对中标过程有异议可申诉，通过行政监督途径解决，法院对未中标人直接起诉要求宣告中标合同无效的案件应当不予受理，已经受理的应当驳回起诉。不过，并非对所有的招标投标纠纷人民法院均不予受理。

——编者注

人民法院受理招标投标买卖合同纠纷、串通投标不正当竞争纠纷两类直接与招标投标活动相关联的民事纠纷案件，以及与合同纠纷相关的缔约过失责任纠纷和确认合同效力纠纷，这些就是《民事诉讼法》第一百二十二条规定的“属于人民法院受理民事诉讼的范围”。

招标投标买卖合同是指招标人通过招标公告、投标邀请书向特定或不特定人发出要约邀请，投标人通过投标发出要约，招标人选定中标人作出承诺或再经磋商而签订的买卖合同。因招标投标程序在许多经济活动中都被广泛采用，如建设工程的勘察、设计、施工、监理等，特别是在国有土地使用权出让时，也经常采用招标方式出让，在确定案由时需注意区分，只有通过招标投标签订买卖合同的，才采用本案由。

串通投标是指投标者相互串通投标报价，损害招标人或者其他投标人利益，或者投标者与招标者串通投标，损害国家、集体、公民的合法权益的行为。串通投标不正当竞争纠纷包括两类纠纷：一类是全部或者部分投标者之间相互串通投标，抬高投标报价或者压低投标报价；另一类是投标人和招标人相互勾结，以排挤竞争对手的公平竞争。对于因串通投标行为提起的民事诉讼，应当作为串通投标不正当竞争纠纷受理。

缔约过失责任是指当事人在订立合同过程中，有违背诚实信用原则的行为，造成了另一方当事人的损失，因此承担赔偿受害人损失的法律后果。缔约过失责任纠纷发生在订立合同过程中，相关合同一般不成立、无效、被撤销或不被追认，纠纷的产生和处理也与合同内容及约定无关。

合同效力是指法律对各方当事人合意的评价。当事人订立的合同可能是有效、无效、可撤销和效力待定等状态，当事人对合同效力的认识出现分歧时，可以诉至法院请求法院依法确认。确认合同效力纠纷分为确认合同有效纠纷和确认合同无效纠纷两类。确认合同的效力是解决合同纠纷需要解决的首要课题，当事人未提出确认合同效力的诉请，法官在审理案件中也需先对合同效力依法确认。当事人也可在诉请确认合同效力的同时，提出其他请求事项。只有在当事人单就合同效力提出确认请求时，才能将相关纠纷确定为本案由。

对于其他民事纠纷，不符合上述起诉条件，当事人不能直接向人民法院起诉，而应当依据《民事诉讼法》第一百二十七条第三项规定，向有关行政监督部门投诉、检举，申请解决，这与《招标投标法》第六十五条规定的投诉制度就衔接上了。这种由当事人投诉、行政监督部门行政裁决的程序，属于解决招标投标民事争议的主要方式，反而诉讼方式的适用范围是有限的。

第二节　异议前置程序

所谓异议，就是认为不对，提出反对的意见。具体到招标投标上，异议就是投标人或其他利害关系人对于招标人的行为持有不同意见，认为违法违规，向招标人提出请求要求纠正。异议和询问不同，投标人向招标人、招标代理机构工作人员咨询、询问有关问题，请求解释说明答复，但没提出不同意见或相反的主张，这个属于询问而不是异议，本质区别就是是否提出相反的主张要求招标人改正。《中华人民共和国政府采购法》（以下简称《政府采购法》）规定了询问，《招标投标法》没有这个规定，实际上投标人就相关问题向招标人提出自己的疑问和见解请求答复，就是一种“询问”，这个无须有专门的明确的法律规范。但《招标投标法》中的异议制度和《政府采购法》上的质疑制度本质是相同的，都是采购双方当事人自行解决争议的方式，这种方式有相应的法律规范，招标人有及时答复的义务，这是程序上的强制性法律规定。

《招标投标法》本着快速处理争议，确保招标投标活动效率的原则，规定了异议制度。这是招标投标当事人之间自主化解矛盾、快速解决争议的自力救济、维权手段。其法律依据是《招标投标法》第六十五条规定：“投标人和其他利害关系人认为招标投标活动不符合本法有关规定的，有权向招标人提出异议或者依法向有关行政监督部门投诉。”但实际上，该规定过于原则，没有具体制度可操作、能落地，导致规定的异议制度一直没有得到贯彻落实。

直到 2011 年颁布的《招标投标法实施条例》用五个条款（第二十二条“对资格预审文件和招标文件的异议”、第四十四条第三款“开标异议”、第五十四条第二款“评标结果异议”、第六十条第二款“不服异议答复可以投诉”、第七十七条第二款“违法处理异议的责任”）的细化落实，才使得异议制度有了基本的操作规范，而且这“三类异议”作为前置程序与投诉有了制度上的强关联、强连接，才使得异议制度在实践中得到了贯彻落地。

关于异议的具体程序，部门规章以上法律文件都没有作出更为详细具体的规定，需要依据法理及招标文件的具体规定来处理。目前，个别地方政府部门规定了较为具体可操作性的异议程序规定，如多地出台的建设工程招标投标异议和投诉处理办法㊀，对异议提出的期限、异议书、异议审查与受理、不予受理异议的条件、异议受理之日、撤回异议、异议提起人配合核查、异议处理时限及异议答复等作出了非常有操作性的具体规定，值得我们研究借鉴。在各地的招标投

㊀ 如《宣城市工程建设项目招标投标活动异议与投诉处理办法》（宣公管〔2022〕30号）、《兰州市工程建设项目招标投标活动异议和投诉处理办法（试行）》（兰国资公管〔2021〕198号）、《深圳市工程建设项目招标投标活动异议和投诉处理办法》（深建规〔2020〕16号）、《珠海市建设工程招标投标异议和投诉处理办法》（珠建规〔2023〕3号）、《潮州市工程建设项目招标投标活动异议和投诉处理办法（试行）》（潮建通〔2021〕35号）、《芜湖市政府招标项目异议处理管理办法》（芜公管〔2021〕3号）、《阳江市工程建设项目招标投标活动异议和投诉处理实施办法》（阳府〔2022〕27号）等。

——编者注

标活动中提出异议、处理异议，要按照当地的制度、规定来操作。

设立异议制度，有利于促进招标人和投标人、潜在投标人及其他利害关系人建立直接、有效、便捷的协商沟通渠道，及时答疑解惑、弥合分歧、达成共识，友好、高效地解决争议，促进招标人及时纠正错误，避免矛盾激化，确保招标采购效率，也有助于当事人之间相互监督、依法维权。如果投标人确实有证据证实招标投标程序、招标文件内容不合法，这是在帮助招标人及时纠正违法行为，推进合规招标。而且，在一定程度上，投标人就评标结果提出异议，为投标人之间互相监督提供渠道，有助于帮助招标人从中发现投标人虚假投标、串通投标、行贿等违法行为线索和证据，维护招标人利益。再者，双方有争议及时沟通化解，与事后投诉、举报相比，既确保了采购效率，也能将争议控制在一定范围内，不至于外化、传播而引起更大负面影响。

投标人也应当充分利用异议的权利，监督、推动招标人依法合规编制招标文件、依法合规组织招标投标活动、依法合规组织评标和确定中标人，维护公平、公正、诚信的市场竞争环境，依法维护自己的合法权益。但是，投标人不能恶意、虚假提起异议，仅仅凭自己的主观感受和猜想、道听途说、无中生有就提起异议，如感觉自己的报价最低却没有中标就提起异议，甚至编造、伪造证据提起异议，这些都违反了诚信原则，干扰了正常的招标投标活动秩序，不应得到法律的支持。可以说，法律制度的价值在于被正确地运用，维护社会秩序和合法权益，而不是被当作谋取非法的不正当利益的工具和手段而滥用。

异议事项是可以提出异议的事由，就是可以对招标投标活动中的哪些程序或法律文件提起异议，要求招标人纠错。根据《招标投标法实施条例》第二十二条、第四十四条、第五十四条规定，投标人（潜在投标人）或者其他利害关系人对资格预审文件和招标文件内容、开标及评标结果有异议的，可以向招标人提出异议，要求答复解决，而且该异议作为投诉前置程序。

这里就容易产生一种观点，异议事项仅限于上述三种情形，对除此之外的事项，无权提出异议。2018 年 4 月 20 日，《国家发展改革委办公厅关于中标结果公示异议和投诉问题的复函》（发改办法规〔2018〕465 号）就安徽省发展改革委《关于投标人和其他利害关系人对中标结果提出异议和投诉问题的函》（皖发改工管函〔2018〕139 号）所询问题提出以下意见："一、《招标投标法》第四十五条规定，中标人确定后，招标人应当向中标人发出中标通知书，并同时将中标结果通知所有未中标的投标人。《招标投标法实施条例》第五十四条规定，依法必须进行招标的项目，招标人应当自收到评标报告之日起 3 日内公示中标候选人，公示期不得少于 3 日。投标人或者其他利害关系人对依法必须进行招标的评标结果有异议的，应当在中标候选人公示期间提出。《招标公告和公示信息发布管理办法》（国家发展改革委第 10 号令）第六条进一步规定了中标候选人公示应当载明的内容，以及中标结果公示应当载明中标人名称。根据以上规定，由于在中标候选人公示环节已经充分公布了中标候选人的信息，并保障了投标人或者其他利害关系人提出异议的权利，因此中标结果公示的性质为告知性公示，即向社会公布中标结果，《招标投标法》《招标投标法实施条例》及国家发展改革委第 10 号令均未规定投标人或者其他利害关系人有权对中标结果公示提出异议。二、《招标投标法实施条例》第六十条规定，投标人或者其他利害关系人认为招标投标活动不符合法律、行政法规规定的，可以自知道或者应当知道之日起 10 日内向有关行政监督部门投诉。据此，投标人或者其他利害关系人认为中标结果公示，以及有关招标投标活动存在违法违规行为的，可以依法向有关行政监督部门投诉。”中标候选人公示与中标结果公示均是为了更好地发挥社会监督作用，两者向社会公开相关信息的时间点不同，前者是在最终定标结果确定前，后者是在最终定标结果确定后。其意在于表达中标候选人公示期间，投标人或者其他利害关系人可以依法提出异议，中标结果公示后则不能提出异议。

有的地方政府出台的规范性文件也持此种观点，如 2022 年 3 月 31 日天津市政务服务办公室、发展改革委、住房和城乡建设委员会、交通运输委员会、水务局联合印发的《天津市工程建设项目招标投标活动异议处理操作指引》明确规定：

“异议人仅能就资格预审文件、招标文件、开标和评标结果向招标人提出异议，异议人以其他事项向招标人提出异议的，招标人可不予受理。”㊀

㊀ 该指引还规定了“三类异议”的具体异议事项，即：对资格预审文件和招标文件提出异议具体包括：（一）没有载明必要的信息；（二）故意隐瞒真实信息；（三）针对不同潜在投标人设立有差别的资格条件；（四）以不合理的资格条件限制潜在投标人投标；（五）提供给不同潜在投标人的资格预审文件和招标文件内容不一致；（六）仅组织部分潜在投标人进行现场踏勘；（七）指定某一特定的专利产品或供应商；（八）载明的评标标准和方法过于原则，自由裁量空间过大，使得潜在投标人无法准确把握招标人意图，无法科学准备资格预审申请文件或投标文件；（九）招标文件设定的资格、技术、商务条件与招标项目的具体特点和实际需要不相适应或者与合同履行无关；（十）以特定行政区域或者特定行业的业绩、奖项作为加分条件或者中标条件；（十一）其他违反法律、行政法规的强制性规定，违反公开、公平、公正和诚实信用原则的内容。

对开标提出异议具体包括：（一）投标文件递交时间、递交过程或投标截止时间；（二）投标文件的密封检查和开封；（三）唱标内容；（四）开标记录；（五）唱标次序；（六）标底价格的合理性；（七）投标人和招标人或者投标人相互之间存在《招标投标法实施条例》第三十四条规定的利益冲突的情形；（八）其他不符合有关规定的情形。

对评标结果提出异议具体包括：（一）中标候选人的资质等内容存在造假行为；（二）评标委员会的组建程序不合法；（三）评标委员会的组成结构不合法；（四）评审程序不符合法律、行政法规或招标文件的规定；（五）没有按照招标文件规定的评标标准和方法进行评审；（六）在评审时对投标人实行区别对待；（七）对评标中的事实认定错误；（八）评标中的具体判定、评标价格和评标分数计算错误；（九）其他影响评标结果的情形。

——编者注

另有一种观点，异议事项不限于上述三种情形。只要潜在投标人、投标人和其他利害关系人自认为招标投标活动中的任一程序行为（如发售招标文件、现场踏勘、接收投标文件、开标程序、评标委员会组建、澄清、否决投标、中标候选人公示、中标通知等）、任一法律文件（如资格预审公告、招标公告、资格预审文件、招标文件、中标通知书等）、任一实体问题的处理（如认定投标无效、串通投标、虚假投标、超出最高投标限价、低于成本投标）存在错误或违反法律规定，可能侵害其合法权益的，都有权向招标人提出“异议”，要求招标人纠正。这种广义的异议事项符合《招标投标法》第六十五条并未将异议限定于前述三种情形的原则，也符合设立异议制度有利于双方快速直接解决争议的制度设计初衷。笔者赞同这种观点。我们来看下面的案例。

【案例3】

某招标代理公司发布工程设备采购招标公告，规定：“符合资格的供应商应在 2016 年 9 月 14 日起至 2016 年 9 月 21 日期间（办公时间内，法定节假日除外）购买招标文件”。某厂家于 2016 年 9 月 21 日下午购买招标文件时，被告知“已超过 5 点，该项目购买标书已截止”，并告知该公司下班时间为 5 点。某厂家提交《异议函》，提出：“本项目购买标书时间中的‘办公时间内’表述不明确、不完整。请求标明办公时间段为几点至几点，并应当出售给其标书”。

招标代理公司作出《答复函》："我单位办公时间就是9点30分至17点整，国家没有硬性规定下班时间必须到17点30分。超过时间不予出售标书"。某厂家对异议答复不满意向市发展改革委递交《投诉书》。市发展改革委以无证据证明招标代理公司的工作时间必须是18点为由驳回了某厂家的投诉请求。

这个案例就是对招标公告的内容提出了异议，在"三类异议"之外。

很多地方政府部门出台的规范性文件也支持这种观点，对异议事项并不限于上述三种情形，如《韶关市工程建设项目招标投标活动异议和投诉处理办法》第四条规定：投标人或者其他利害关系人认为招标投标活动不符合法律、法规和规章规定的，可以依法向招标人提出异议，但就《招标投标法实施条例》第二十二条、第四十四条、第五十四条规定事项进行投诉的，应当依法先向招标人提出异议。其表明的态度是：只要投标人或者其他利害关系人认为招标投标活动不合法即可提出异议，只不过《招标投标法实施条例》规定的"三类异议"是投诉的前置程序。可以将这三类异议视作狭义的"异议"，是法律有重点地予以特殊规范的异议事项，而其他异议，暂且可称为泛指的"异议"，并不是投诉的前置程序，无论是否提起异议，都可以直接投诉。而且对于异议、答复的时间和形式等程序性内容也均未作特别限制。当然，地方政府规定了异议、答复的时间和形式等程序性内容的，按照这些规定来执行，如《韶关市工程建设项目招标投标活动异议和投诉处理办法》第九条、第十五条特别规定：异议提起人提出异议应当提交异议书，但异议仅涉及现场开标的除外；招标人应当在规定的时限内完成异议处理，对资格预审文件、招标文件、评标报告、定标结果的异议，招标人应当自异议受理之日起3日内作出书面答复；对开标有异议的，异议提起人应当在开标现场提出，招标人应当当场作出答复并制作记录。招标人应当将书面答复或答复记录自作出之日起2个工作日内抄送有关行政监督部门。招标人处理异议需要进行调查核实、检验、检测、鉴定、组织专家评审的，所需时间不计入前款规定时限，但招标人应当在前款规定时限内明确告知异议提起人最终答复期限。

下面对《招标投标法实施条例》专门规定的“三类异议”分别简要阐述。

（1）对资格预审文件和招标文件异议的处理。

资格预审文件和招标文件应当体现公开、公平、公正和诚实信用原则，符合相关法律规定，避免以不合理条件歧视或排斥潜在投标人或对投标人不公平。这些文件内容与法律规定不一致的，潜在投标人和利害关系人有权提出异议。

《招标投标法实施条例》第二十二条规定：“潜在投标人或者其他利害关系人对资格预审文件有异议的，应当在提交资格预审申请文件截止时间2日前提出；对招标文件有异议的，应当在投标截止时间10日前提出。招标人应当自收到异议之日起3日内作出答复；作出答复前，应当暂停招标投标活动。”

异议人，也就是提出异议的主体。此处的异议人是“潜在投标人或者其他利害关系人”。

1）潜在投标人。潜在投标人是对招标项目感兴趣、购买招标文件，可能参与投标的法人或者非法人组织，依法必须招标的科研项目投标人允许自然人投标。实行资格预审的项目，也就包含所谓的资格预审申请人，它也是潜在投标人。潜在投标人与投标人的实质性区别是，投标人实际制作投标文件并递交给招标人参与投标；在投标之前都属于潜在投标人。在领取或购买资格预审文件和招标文件的时候，还没有投标，所以是潜在投标人。当潜在投标人拿到资格预审文件、招标文件，经过研究，认为这些文件内容有错误、违法之处，限制其投标资格、提出不合理的交易条件，可能影响其公正参与投标、侵害其合法权益的，就可以提出异议，要求修改。因为与自己的权益有直接的利害关系，所以潜在投标人有主动监督、积极提出异议的动机。

2）其他利害关系人。提起异议的“其他利害关系人”是指投标人以外的，与招标项目或者招标活动有直接或者间接利益关系的法人、非法人组织和自然人。如将来与中标人共同分享利益的分包人或供应商及投标项目负责人。

潜在投标人或者其他利害关系人认为资格预审文件、招标文件不符合《招标投标法》或《中华人民共和国建筑法》（以下简称《建筑法》）的相关规定，都可以向招标人提出异议。关于文件的内容，《招标投标法》第十八条第二款规定："招标人不得以不合理的条件限制或者排斥潜在投标人，不得对潜在投标人实行歧视待遇。"《招标投标法》第二十条规定："招标文件不得要求或者标明特定的生产供应者以及含有倾向或者排斥潜在投标人的其他内容。"这些是关于资格预审文件、招标文件中不得载有歧视性、倾向性内容的规定。《招标投标法实施条例》第三十二条列举了招标人以不合理的条件限制、排斥潜在投标人或者投标人的常见情形："（一）就同一招标项目向潜在投标人或者投标人提供有差别的项目信息。（二）设定的资格、技术、商务条件与招标项目的具体特点和实际需要不相适应或者与合同履行无关。（三）依法必须进行招标的项目以特定行政区域或者特定行业的业绩、奖项作为加分条件或者中标条件。（四）对潜在投标人或者投标人采取不同的资格审查或者评标标准。（五）限定或者指定特定的专利、商标、品牌、原产地或者供应商。（六）依法必须进行招标的项目非法限定潜在投标人或者投标人的所有制形式或者组织形式。（七）以其他不合理条件限制、排斥潜在投标人或者投标人"。

类似的规定，还有《工程项目招标投标领域营商环境专项整治工作方案》（发改办法规〔2019〕862 号），该方案更具体，其中规定的整治内容有根据《招标投标法》《招标投标法实施条例》等有关规定，清理、排查、纠正在招标投标法规政策文件、招标公告、投标邀请书、资格预审公告、资格预审文件、招标文件以及招标投标实践操作中，对不同所有制企业设置的各类不合理限制和壁垒。重点针对以下问题：

1）违法设置的限制、排斥不同所有制企业参与招标投标的规定，以及虽然没有直接限制、排斥，但实质上起到变相限制、排斥效果的规定。

2）违法限定潜在投标人或者投标人的所有制形式或者组织形式，对不同所有制投标人采取不同的资格审查标准。

3）设定企业股东背景、年平均承接项目数量或者金额、从业人员、纳税额、营业场所面积等规模条件；设置超过项目实际需要的企业注册资本、资产总额、净资产规模、营业收入、利润、授信额度等财务指标。

4）设定明显超出招标项目具体特点和实际需要的过高的资质资格、技术、商务条件或者业绩、奖项要求。

5）将国家已经明令取消的资质资格作为投标条件、加分条件、中标条件；在国家已经明令取消资质资格的领域，将其他资质资格作为投标条件、加分条件、中标条件。

6）将特定行政区域、特定行业的业绩、奖项作为投标条件、加分条件、中标条件；将政府部门、行业协会商会或者其他机构对投标人作出的荣誉奖励和慈善公益证明等作为投标条件、中标条件。

7）限定或者指定特定的专利、商标、品牌、原产地、供应商或者检验检测认证机构（法律法规有明确要求的除外）。

8）要求投标人在本地注册设立子公司、分公司、分支机构，在本地拥有一定办公面积，在本地缴纳社会保险等。

9）没有法律法规依据设定投标报名、招标文件审查等事前审批或者审核环节。

10）对仅需提供有关资质证明文件、证照、证件复印件的，要求必须提供原件；对按规定可以采用“多证合一”电子证照的，要求必须提供纸质证照。

11）在开标环节要求投标人的法定代表人必须到场，不接受经授权委托的投标人代表到场。

12）评标专家对不同所有制投标人打分畸高或畸低，且无法说明正当理由。

13）明示或暗示评标专家对不同所有制投标人采取不同的评标标准、实施不客观公正评价。

14）采用抽签、摇号等方式直接确定中标候选人。

15）限定投标保证金、履约保证金只能以现金形式提交，或者不按规定或者合同约定返还保证金。

16）简单以注册人员、业绩数量等规模条件或者特定行政区域的业绩奖项评价企业的信用等级，或者设置对不同所有制企业构成歧视的信用评价指标。

17）不落实《必须招标的工程项目规定》《必须招标的基础设施和公用事业项目范围规定》，违法干涉社会投资的房屋建筑等工程建设单位发包自主权。

18）其他对不同所有制企业设置的不合理限制和壁垒。

另外，《优化营商环境条例》[一]《公平竞争审查制度实施细则》[二]（国市监反垄规〔2021〕2号）、《国家发展改革委等部门关于严格执行招标投标法规制度进一步规范招标投标主体行

[一] 该条例第十三条规定："招标投标和政府采购应当公开透明、公平公正，依法平等对待各类所有制和不同地区的市场主体，不得以不合理条件或者产品产地来源等进行限制或者排斥。政府有关部门应当加强招标投标和政府采购监管，依法纠正和查处违法违规行为。"

[二] 该细则对此规定：不得限定经营、购买、使用特定经营者提供的商品和服务，包括但不限于：……②在招标投标、政府采购中限定投标人所在地、所有制形式、组织形式，或者设定其他不合理的条件排斥或者限制经营者参与招标投标、政府采购活动。③没有法律、行政法规或者国务院规定依据，通过设置不合理的项目库、名录库、备选库、资格库等条件，排斥或限制潜在经营者提供商品和服务。在招标投标、政府采购中限定投标人所在地、所有制形式、组织形式，或者设定其他不合理的条件排斥或者限制经营者参与招标投标、政府采购活动，不得排斥或者限制外地经营者参加本地招标投标活动，包括但不限于：①不依法及时、有效、完整地发布招标信息。②直接规定外地经营者不能参与本地特定的招标投标活动。③对外地经营者设定歧视性的资质资格要求或者评标评审标准。④将经营者在本地区的业绩、所获得的奖项荣誉作为投标条件、加分条件、中标条件或者用于评价企业信用等级，限制或者变相限制外地经营者参加本地招标投标活动。⑤没有法律、行政法规或者国务院规定依据，要求经营者在本地注册设立分支机构，在本地拥有一定办公面积，在本地缴纳社会保险等，限制或者变相限制外地经营者参加本地招标投标活动。⑥通过设定与招标项目的具体特点和实际需要不相适应或者与合同履行无关的资格、技术和商务条件，限制或者变相限制外地经营者参加本地招标投标活动。

——编者注

为的若干意见》(发改法规规〔2022〕1117 号)也有具体规定。

有的地方也出台了具体的认定办法，如四川省住房与建设厅《关于加强房屋建筑和市政工程招标文件监督工作的通知》(川建行规〔2020〕10 号)明确了七大类二十八种限制、排斥潜在投标人或者投标人的典型情形，比如：在国家已经明令取消资质资格的领域(例如园林绿化、土石方、体育场地设施等)将其他资质资格作为加分条件或者中标条件；将政府部门、行业协会商会或者其他机构对投标人作出的荣誉奖励和慈善公益证明等作为中标条件；将未列入国家公布的职业资格目录和国家未发布职业标准的人员资格作为加分条件或者中标条件；施工招标要求投标人提供材料供应商授权书等；要求投标人的法定代表人必须到开标现场而不接受经授权委托的投标人代表到场；限定投标保证金、履约保证金的提交形式；设定最低投标限价或者变相设定最低投标限价(例如低于最高投标限价一定比例的投标直接作否决或零分处理)；拟签订合同主要条款约定不公平、公正(例如工程款支付不符合国家规定、风险分担采用无限风险、质量保证金比例超过规定等)。可以说，潜在投标人或者其他利害关系人认为资格预审文件、招标文件中可能存在错误遗漏，或存在“倾向性”，限制、排斥潜在投标人或实行歧视待遇，可能损害自身权益等违反法律规定和“三公”原则的问题时，即可以向招标人提出异议，要求招标人纠正，督促招标人依法合规制定资格预审文件、招标文件，公平、公正地对待潜在投标人。

【案例4】

某企业暖通工程项目设备采购公开招标。招标文件有两条评分项：一是“投标产品核心部件为进口的，1个得1分，国产的1个得0.5分”；二是“投标人必须具有2018年以来已完工取得竣工验收报告的政府采购项目业绩，并对此进行评分”，某供应商认为实行差别待遇，就此提出异议。

此案例中，对进口产品和国产产品区别对待，“限定原产地”，构成歧视待遇；要求投标人必须具有政府采购项目业绩，对于没有政府采购项目业绩，只有对企业或其他单位供货业绩的供应商构成了歧视待遇，违反了法律规定。

上述案例说明，只要潜在投标人认为资格预审文件、招标文件的内容违反法律规定，侵害其合法权益的，就可以提起异议。

资格预审申请人和潜在投标人在获取资格预审文件和招标文件后，发现存在问题且有异议的，应当在资格预审申请截止时间2日前或者投标截止时间10日前提出，以便招标人及时纠正，尽可能减少对招标投标程序的影响。因此，潜在投标人、利害关系人拿到资格预审文件和投标文件后，应当全面分析文件内容，发现存在错漏、违法的，应当在最短时间内向招标人提出，最迟在上述规定的期限内提出异议，避免异议权甚至投诉权因超过时效原因而灭失。超过这个时间提起异议，属于无效的异议，招标人不予受理、不予答复。

【案例 5】

某单位仓库建设项目招标，C 公司仔细研究该项目，对招标文件内容认为评分标准设置不合法，对潜在投标人实行差别待遇，就此提出异议，但因提出异议的时间逾期、异议无效为由被招标人驳回后，提起投诉。住建部门认为，投诉事项属于对招标文件的异议。C 公司购买招标文件的时间为 3 月 24 日，应在投标截止时间（4 月 14 日）10 日前提出异议。而 C 公司提出异议的时间（4 月 18 日）已超过法定异议期限，招标人不处理异议并不违法。因此，投诉事项属于无效投诉事项，决定驳回投诉。

这个案例中，就因超期对招标文件提出异议而导致异议无效，投诉也无效。

相对应地，招标人负有在限期内履行对异议作出答复的义务，应当自收到异议之日起 3 日内尽快核实异议事项，并作出答复。异议答复期限从收到异议的第二日开始起算。招标人或招标代理机构应当在 3 日之内正式答复，最晚时间是第三日本单位业务结束时间，也就是下班时间。超出该期限未予答复或异议人对答复不满意，都可以根据《招标投标法实施条例》第六十条规定提出投诉。

根据《招标投标法实施条例》第二十二条规定，招标人在答复异议之前，应当暂停招标投标活动。有此规定，可以进一步督促招标人及时回复异议，防止故意拖延，也是为了防止招标文件确有错误如不及时纠正将可能引起后续更大的损失或导致不可逆转的后果。

招标人收到异议之后，应当组织专业人员或专家研究论证，根据论证结果及时书面答复异议人。具体处理方式如下：

1）驳回异议。经审查认为异议不成立，资格预审文件、招标文件合法合规不存在错误、问题的，可以驳回异议。答复之日即可取消暂停的决定，恢复招标投标程序，进入下一个环节。

2）异议成立，决定修改资格预审文件、招标文件。经过核实，招标文件确实存在排斥潜在投标人、对投标人实行歧视待遇等情形，不合法、不合规或者存在错误，影响投标人公平投标、影响招标投标活动正常进行的，异议成立，应当在规定的时间内作出回复，并依据《招标投标法实施条例》第二十一条规定，对资格预审文件、招标文件进行澄清或修改。如果不修改文件，潜在投标人可以投诉，则招标人应当按规定修改文件内容后重新组织招标。《招标投标法实施条例》第二十三条也有规定：招标人编制的资格预审文件、招标文件的内容违反法律、行政法规的强制性规定，违反公开、公平、公正和诚实信用原则，影响资格预审结果或者潜在投标人投标的，依法必须进行招标的项目的招标人应当在修改资格预审文件或者招标文件后重新招标。这里，法律、行政法规的强制性规定，表现为禁止性和义务性强制规定，也即法律和行政法规中使用了“应当”“不得”“必须”等字样的条款。如《招标投标法》第二十条、《招标投标法实施条例》第三十二条关于招标文件不得有倾向性、排他性的内容；《招标投标法实施条例》第二十六条关于投标保证金不得超过招标项目估算价 2% 的规定。所谓违反“三公”原则，是指资格预审文件和招标文件没有载明必要的信息，量身定做投标人资格条件和具体规则，针对不同的潜在投标人设立有差别的资格条件，指定专利产品或者供应者，限制、排斥外地或其他行业的企业投标，资格审查标准和方法倾向性明显，等等。所谓违反诚实信用原则，是指资格预审文件和招标文件的内容故意隐瞒真实信息，典型表现是隐瞒工程场地条件等可能影响投标价格和建设工期的信息，恶意压低工程造价逼迫潜在投标人放弃投标或者以低于成本的价格竞标，从而影响工程质量和安全。

前述所列情形都是常见的突出问题，其结果必然会影响资格审查结果和潜在投标人投标的公平、公正性。因此，具备这些情形的资格预审文件和招标文件，潜在投标人有权提出异议要求招标人进行修改；招标人应当根据《招标投标法实施条例》第二十一条的规定及时修改澄清后继续招标投标活动，否则依据《招标投标法实施条例》第二十三条规定在开标后才处理很可能导致终止招标并组织第二次招标，反而会影响招标效率。

《国家发展改革委等部门关于严格执行招标投标法规制度进一步规范招标投标主体行为的若干意见》（发改法规规〔2022〕1117号）文件也特别强调：规范招标文件编制和发布。招标人应当高质量编制招标文件，鼓励通过市场调研、专家咨询论证等方式，明确招标需求，优化招标方案；对于委托招标代理机构编制的招标文件，应当认真组织审查，确保合法合规、科学合理、符合需求；对于涉及公共利益、社会关注度较高的项目，以及技术复杂、专业性强的项目，鼓励就招标文件征求社会公众或行业意见。依法必须招标项目的招标文件，应当使用国家规定的标准文本，根据项目的具体特点与实际需要编制。招标文件中资质、业绩等投标人资格条件要求和评标标准应当以符合项目具体特点和满足实际需要为限度审慎设置，不得通过设置不合理条件排斥或者限制潜在投标人。依法必须招标项目不得提出注册地址、所有制性质、市场占有率、特定行政区域或者特定行业业绩、取得非强制资质认证、设立本地分支机构、本地缴纳税收社保等要求，不得套用特定生产供应者的条件设定投标人资格、技术、商务条件。简化投标文件形式要求，一般不得将装订、纸张、明显的文字错误等列为否决投标情形。鼓励参照《公平竞争审查制度实施细则》，建立依法必须招标项目招标文件公平竞争审查机制。鼓励建立依法必须招标项目招标文件公示或公开制度。严禁设置投标报名等没有法律法规依据的前置环节。

（2）对开标异议的处理。

《招标投标法实施条例》第四十四条第三款规定：“投标人对开标有异议的，应当在开标现场提出，招标人应当当场作出答复，并制作记录。”这是关于开标异议的规定。

对于开标异议，异议人只能是投标人，也就是响应招标、实际参加投标竞争的法人、非法人组织或者自然人，而且只能是参加开标仪式的投标人。没有参加开标仪式的投标人不能提出异议。因为，提出异议的时间和答复时间都是在开标现场“当场”，只有在开标现场的投标人才有机会当场提出异议；不在开标现场，也就无法当场提出异议，时空条件都不满足；开标结束提出的异议，是无效的异议，招标人可以不予受理。采取电子开标的，开标现场是虚拟的场所，投标人远程在线参与网络开标，不见面，在开标结束后一定时间内（比如开标结束 24h 内）可以通过数据电文方式在线提出开标异议。如《河北雄安新区标准通用招标文件》（2020 年版）规定：“5.4 开标异议（远程开标）。投标人对开标有异议的，或发现存在第三章评标办法 2.1.3 项载明的法律法规禁止的情形的，应当在解密完成后在‘交易平台 - 开标系统’的‘异议’菜单中在线提出。招标人在线作出公开答复，‘交易平台 - 开标系统’自动记录。招标人发起异议征询，所有投标人对开标情况进行确认，投标人在 60s 内确认是否有异议，确认有异议后可以发起异议。若60s未明确表示有无异议的，截止时间到时，将默认为无异议，不能发起异议。招标人可根据实际情况再次确认投标人有无异议，所有投标人均无异议后，招标人将结束异议环节。”《兰州市工程建设项目招标投标活动异议和投诉处理办法（试行）》第九条规定：“（三）采用不见面开标，对开标活动有异议的，应当在开标期间通过交易平台提出，招标人应依法及时予以答复”。

异议常见内容主要有以下三方面：可以是针对开标参加人，也可以是对开标程序提出异议，还可以就开标公示的内容及投标人的合法性等有不同意见，提出异议，后两者是较为常见的异议。具体来说，开标现场可能出现对投标文件递交时间、递交过程或投标截止时间、投标文件的密封检查和开封、唱标内容、开标记录、唱标次序、标底价格的合理性，以及就投标人和招标人或者投标人相互之间是否存在《招标投标法实施条例》第三十四条规定的利益冲突的情形、对投标人存在串通投标、虚假投标、报价不合理等情形提出异议。

实践中，如果异议是关于反映开标人员公示投标文件出错，或者程序出错（如只有两个投标人，但未终止招标而是正常开标）等问题，招标人应当现场核实后当场予以纠正、答复即可。如果反映涉及对投标文件有效与否进行评判的内容（如反映其他投标人的投标文件内容不全、弄虚作假、投标保证金不合格应当否决投标等），则在开标记录中如实记载下来并提交评标委员会评判，不宜当场作出实质性的答复。

【案例 6】

某项目招标文件中已写清商务标的评分方式，但是在开标的时候，招标代理机构当场宣布更改商务标的评分方式，这样各家投标单位的报价得分肯定就和以前不一样，为此，投标人意见很大，当场提出异议。

依据《招标投标法》第二十三条规定，招标人对招标文件进行修改的，应当在投标截止时间 15 日之前发出修改通知，以便投标人作出响应。而本案例中，在开标的时候，招标人才更改原招标文件规定的评标标准和方法，此做法违反规定。现场被投标人提出异议的，应当纠正其违法行为。

提出异议和答复异议均有很强的时效性，《招标投标法实施条例》第四十四条第三款规定了两个"当场"。投标人认为开标不符合有关规定的，应当在开标现场"当场"提出异议，招标人必须"当场"作出答复。只有在开标活动现场当即提出异议，招标人才有义务接受并答复；开标活动结束后，投标人若再提出异议，即为迟到的异议，招标人可不予接受，并不予答复。同理，如果招标人对于开标的异议没有当场作出答复，则异议人有权进行投诉。电子开标的，按照招标文件规定的时间提出异议、进行答复，很多都是在开标结束后 1 个小时内提出异议。

只要投标人提出异议，招标投标活动即应暂停进行，直至招标人对异议作出答复，方可恢复进行。异议成立的，招标人应当及时采取纠正措施，或者答复提交评标委员会评审确认；异议不成立的，招标人应当当场解释说明，招标投标活动也继续进行。异议和答复应记入开标会记录或者制作专门记录以备查。

（3）对评标结果异议的处理。

对于依法必须招标的项目，评标结束后评标委员会应当提出中标候选人名单，招标人应当公示中标候选人。对于非依法必须招标的项目，招标人也可以自主设定公示中标候选人的程序。公示中标候选人的目的就是将评标结果向社会公开，接受投标人、利害关系人和社会各界的监督。投标人或者其他利害关系人根据招标文件规定的评标标准和方法、开标情况以及其他投标人有无违法行为、投标资格是否合格等，作出评标结果是否符合有关规定的判断，可以对该评标结果提出异议。

《招标投标法实施条例》第五十四条规定：“依法必须进行招标的项目，招标人应当自收到评标报告之日起3日内公示中标候选人，公示期不得少于3日。投标人或者其他利害关系人对依法必须进行招标的项目的评标结果有异议的，应当在中标候选人公示期间提出。招标人应当自收到异议之日起3日内作出答复；作出答复前，应当暂停招标投标活动。”本条规定了依法必须招标项目评标结果异议制度。全部中标候选人均应当进行公示。相应地，投标人和其他利害关系人对评标结果有异议的，其异议应当针对全部中标候选人，而不能仅针对排名第一的中标候选人，否则将可能丧失针对排名第二和第三的中标候选人提出异议和投诉的权利。

异议人是投标人和其他利害关系人，也就是与中标结果有利害关系的其他人。主要是投标人，尤其是排名在后的中标候选人，也有未被列入中标候选人名单的其他投标人。他们最有动力提起异议和投诉，以便自己有机会排名靠前或重新招标、评标，增加中标机会。

异议常见内容一般是认为未依法评标、评标委员会评审结论不公正、公示的中标候选人不符合投标人资格条件等，应当被取消中标资格。具体情形如下：

1）评标委员会的组建程序不合法。

2）评标委员会的组成结构不合法。

3）评审程序不符合法律或招标文件的规定。

4）没有按照招标文件规定的评标标准和方法进行评审。

5）在评审时对投标人实行区别对待。

6）对评标中的事实认定错误。

7）评标中的具体判定、评标价格和评标分数的计算错误。

8）投标人以低于成本的报价竞标、串通投标、弄虚作假或者有向招标人工作人员或者评标委员会成员行贿的行为。

9）投标人资格条件不符合国家有关规定或者招标文件的规定。

10）中标候选人在定标前即与招标人就投标价格、投标方案等实质性内容进行谈判。

11）其他影响评标结果的情形等。

提出异议的目的，主要在于证明评标委员会组成违法、评标行为违法或中标候选人不合格。

为了控制招标投标活动程序时长，确保一定的招标投标效率，《招标投标法实施条例》第五十四条规定中标人对依法必须进行招标项目的评标结果的异议应当在中标候选人公示期间提出，也就是在3日的公示期内提出。超出中标候选人公示期提出的异议，招标人不予受理也不予处理。

招标人应当自收到异议之日起3日内作出答复。招标人对异议作出答复前应当暂停招标投标活动。招标人未在3日内答复或者异议人对答复不满意的，异议人可以投诉。

招标人处理评标结果异议时，可以组织原评标委员会对异议涉及的事项按照招标文件规定的评标标准和方法复核确认，如有必要，可组织评标委员会对投标文件重新评审。重新评审无法组织原评标委员会进行（如异议反映评标委员会集体受贿）的，应重新组建评标委员会。对于涉及评标委员会组成不合法（如未进行抽取、组成比例不合法、评标委员会成员应当回避而未回避等）、评标委员会成员受贿、不公正评标的异议，应当另行组成评标委员会调查处理或者招标人自行调查，可以向有关部门调查取证，甚至通过向行政监督部门投诉要求查处违法行为。

如异议不成立，则驳回异议。如异议成立，则需要根据异议事项的不同以及影响程度，决定招标无效、投标无效、评标无效，并相应作出重新评标、重新招标等不同的决定。如评标委员会未按照招标文件规定的评标标准和方法进行评标影响中标结果的，可以组织重新评标、重新推荐中标候选人；如查实串通投标、虚假投标的，应当重新推荐中标候选人，多数投标人串通的，可以重新招标。

招标人无法组织原评标委员会予以纠正或者评标委员会无法自行予以纠正的，招标人应当报告行政监督部门，由有关行政监督部门依法作出处理，问题纠正后再公示中标候选人。

【案例 7】

某国有企业办公大楼电梯设备采购项目评标结束，收到某投标人提出的异议，反映本项目未从评标专家库中随机抽取评标专家，评审主体不适格，评标无效。该国有企业对该异议答复后，异议人不满意提起投诉。

住建部门查实上述情形后认为，本项目未从评标专家库中抽取评标专家，违反了《招标投标法》第三十七条的规定。鉴于本项目评标专家抽取不合法，其评审意见无效。责令招标人重新组建评标委员会，重新评标。

《招标投标法》第三十七条规定了依法必须进行招标的项目，其评标委员会由招标人代表和评标专家组成，评标专家应当从评标专家库中采取随机抽取方式确定，只有特殊招标项目可以由招标人直接确定。上述案例中未从评标专家库中抽取评标专家。根据《招标投标法实施条例》第七十条规定，未按照规定组建评标委员会的，评审结论无效，依法重新进行评审，由行政监督部门责令改正。

实践中，对评标结果的异议，是异议中数量最大的。

异议的答复不以异议提起人是否满意为标准，招标人本着诚信的原则完成答复即可。《招标投标法实施条例》第六十条规定："投标人或者其他利害关系人认为招标投标活动不符合法律、行政法规规定的，可以自知道或者应当知道之日起10日内向有关行政监督部门投诉。投诉应当有明确的请求和必要的证明材料。就本条例第二十二条、第四十四条、第五十四条规定事项投诉的，应当先向招标人提出异议，异议答复期间不计算在前款规定的期限内。"根据该条款规定，投标人或者其他利害关系人认为招标投标活动违法要投诉的，应当自知道或者应当知道之日起10日内提出。要注意的是，根据上述规定第二款，对于资格预审文件和招标文件、开标以及评标结果进行投诉的，在程序上还有一个先决条件，就是应当先向招标人提出异议，对异议处理结果不满意或者招标人未在规定时间内对异议进行答复的，才可以向行政监督部门投诉。而且投诉人投诉时，仅仅提交了合格的投诉书还不够，在程序上还有一个条件，即在投诉书中应当附上提出异议的证明文件，如提交异议书的签收证明、异议回复文件等。这就是针对资格预审文件、招标文件、开标活动和评标结果的投诉，确立了异议前置程序。

不得就上述三类事项越过异议程序直接投诉，否则该投诉不予受理。《工程建设项目招标投标活动投诉处理办法》第十二条规定：“有下列情形之一的投诉，不予受理：……（六）投诉事项应先提出异议没有提出异议、已进入行政复议或行政诉讼程序的。”但对于其他事项的投诉，不受此程序性限制，可以不经异议直接提起投诉。

【案例 8】

某建设工程施工项目招标，评标委员会推荐 B 建筑公司为第一中标候选人。A 建筑公司投诉，认为 B 建筑公司投标文件内容未响应招标文件要求，请求取消该公司第一中标候选人的资格。县发展改革委组织评标委员会重新评审，再次推荐 B 建筑公司为第一中标候选人。A 建筑公司在公示期间没有向招标人就评标结果提出异议，直接投诉，不服投诉处理决定又向法院提起诉讼。

法院认为，根据《招标投标法实施条例》第五十四条、第六十条第二款，《工程建设项目招标投标活动投诉处理办法》第七条第二款的规定，投标人或者其他利害关系人对依法必须进行招标的项目的评标结果有异议的，应当在中标候选人公示期间提出；就《招标投标法实施条例》第五十四条规定事项投诉的，应当先向招标人提出异议；对《招标投标法实施条例》规定应先提出异议的事项进行投诉的，应当附提出异议的证明文件。A建筑公司投诉早于中标候选人公示，未在投诉前向招标人提出异议，县发展改革委受理该投诉违反法定程序。

在这个案例中，依据《招标投标法实施条例》第六十条第二款的规定，针对中标结果提出投诉，应将异议作为前置程序，未在投诉前提出异议而直接投诉，行政监督部门若受理该投诉则程序违法。

【案例9】

某资产管理有限公司发布某水库工程招标公告，要求投标人应具备水文、水资源调查评价资质（乙级及以上）及具有有效的高新技术企业证书。招标人公示中标候选人为某科技股份有限公司。某工程公司投诉，认为某科技股份有限公司使用的《高新技术企业证书》和《水文、水资源调查评价资质证书》的真实性及公司名称与投标人不一致，不具备投标人资格，请求撤销该公司的中标候选人资格。市水务局作出投诉处理决定，维持原评标结果。某工程公司不服申请行政复议，市政府作出行政复议决定书，认为市水务局作出的处理决定书认定事实不清、违反法定程序，决定撤销该处理决定书，责令重新作出处理决定。某科技股份有限公司不服，向法院起诉。

法院认为，某工程公司在中标候选人公示期间未向招标人提出异议，而是直接向市水务局提出投诉，市水务局未予审查即予受理并作出处理决定，属于程序违法。市政府行政复议决定以此理由撤销市水务局的处理决定书正确，应予维持。

在这个案例中，投诉人未提前进行异议而直接投诉，水务局未意识到该程序的缺陷而受理投诉并作出投诉处理决定，行政行为不合法，所以在行政复议期间被撤销，这也提示我们异议前置程序是不能忽略的。

【案例 10】

某项目招标，A 公司被确定为排序第一的中标候选单位，B 公司向县发展改革委投诉 A 公司的注册建造师是其他公司的在职员工。县发展改革委作出投诉处理意见，维持本项目中标排序结果不变。B 公司提起行政诉讼。

法院认为，B 公司作为案涉项目投标人，对该项目的评标结果有异议，应当先向该项目的招标人提出异议。县发展改革委在 B 公司未先向招标人提出异议的情况下，直接受理其投诉并作出处理意见，违反上述规定。

从上述案例可见，针对资格预审文件、招标文件、开标活动和评标结果的投诉，确立的异议前置程序是法律的强制性规定，不能规避或豁免。投诉人不得就上述三类事项越过异议程序直接投诉，否则该投诉不予受理。如果投诉人并没有依法先行提出异议而直接向招标投标行政监督部门提出投诉，该投诉事项程序违规，按照《工程建设项目招标投标活动投诉处理办法》第十二条等规定，招标投标行政监督部门应当不予受理，如果对该类投诉事项依然受理，程序上不合法，据此作出的投诉处理决定也缺乏合法性，就可能被上级行政部门或人民法院裁决撤销该投诉处理决定。

除了上述三种异议情形外，对其他情形提出投诉，并没有异议前置程序的规定。投标人或者其他利害关系人可以直接提起投诉，无须先行提起异议。我们来看下面的案例。

【案例11】

某自来水有限公司对生态环境综合治理项目施工招标，B建设工程有限公司以第一中标候选人A建设发展有限公司在电子交易平台上传的施工员潘某、质检员陈某、安全员施某、材料员张某的《在职个人养老缴费历史明细》内容，与该明细表下附二维码查询的缴费明细内容不同为由进行投诉。县水利局驳回投诉。B建设工程有限公司不服，申请行政复议。市水利局作出行政复议决定书，认为A建设发展有限公司上传电子招标投标交易平台的潘某等4人《在职个人养老缴费历史明细》，是变造的证明材料，属于虚假的劳动关系证明，违反《招标投标法》第三十三条规定，决定撤销县水利局作出的投诉处理决定，责令依法重新作出处理决定。A 建设发展有限公司不服起诉。

法院认为，B 建设工程有限公司的投诉请求虽然是"恳请依法取消 A 建设发展有限公司为第一中标候选人的评标结果"，但其投诉事项主要是 A 建设发展有限公司在电子交易平台上传的施工员潘某、质检员陈某、安全员施某、材料员张某的《在职个人养老缴费历史明细》内容的真实性问题，实质不仅仅是对评标结果提出质疑，还对招标投标活动的真实性、合法性及公正性提出了异议，符合《招标投标法实施条例》第六十条关于"投诉"的规定，该投诉也并不以先提出异议为前置程序。A 建设发展有限公司认为应当适用《工程建设项目招标投标活动投诉处理办法》第十二条第六项关于"投诉事项应先提出异议没有提出异议、已进入行政复议或行政诉讼程序的"投诉不予受理的规定，缺乏依据，本院不予支持。

这个案例说明异议作为投诉的前置程序，其适用范围是有限的，仅限于对于资格预审文件和招标文件内容、开标活动以及评标结果三类事项进行投诉，投标人或者其他利害关系人可直接对其他事项提起投诉。处理投诉是一种行政监督行为，依据《招标投标法》第七条规定，招标投标行政监

督管理部门的监督职责之一就是受理当事人提出的投诉，处理投诉案件，解决招标投标争议，同时查处其中的违法违规行为。

第三节 投诉主体

投诉人提起投诉，必须具有适格的投诉主体资格。《招标投标法》第六十五条规定了招标投标投诉主体包括投标人和其他利害关系人两类，其属于已经或者可能因招标投标活动违反《招标投标法》规定的规则和程序导致其利益受到直接或间接损害的人，有权向有关行政监督部门投诉维权，以保护自身合法权益。

“投标人”，就是《招标投标法》第二十五条所规定的已对该招标项目作出响应，提交了投标文件，参加投标竞争的法人、非法人组织或者自然人。

“其他利害关系人”，是指除投标人以外的，与招标项目或者招标活动有直接或者间接利益关系的法人、非法人组织或者自然人。实践中常见的情形是招标项目的使用人、有意参加资格预审或者投标的潜在投标人、资格预审申请文件或者投标文件中列明的拟用于招标项目的项目负责人、分包人和货物供应商，以及资格审查委员会或者评标委员会成员等。这个范围比异议人范围要大，如招标人可以投诉，评标委员会成员也可以投诉。与招标投标活动没有利害关系，就没有权利提起投诉，但可以检举违法行为，通过写举报信、电话举报、网络举报等方式检举。

举报不等同于投诉，看一个下面的案例。

【案例 12】

某单位人工湖景观工程施工监理招标，署名张某的人检举中标人某监理公司有被通报批评的不良记录的情形。市建设局招标办受理，以某监理公司弄虚作假为由，取消中标资格。某监理公司不服，以“张某不是《工程建设项目招标投标活动投诉处理办法》中的利害关系人，不具有投诉主体资格”等为由起诉，要求确认该监理公司中标成立且合法有效。

法院认为，《工程建设项目招标投标活动投诉处理办法》中的“投诉”指向的是“招标投标活动中违反法律、法规和规章规定的行为”，而本案中张某反映的是某监理公司曾有不良行为记录，故张某的“投诉函”不属于《工程建设项目招标投标活动投诉处理办法》所指的“投诉”。而且，张某既不是投标人也不是利害关系人，其不具备该办法规定的“投诉人”的资格限定条件，故张某的行为应定性为举报，在本案中张某实际为举报人而不是投诉人。其行为不受《工程建设项目招标投标活动投诉处理办法》的约束，市建设局招标办可根据张某所反映的情况告知项目招标人，由招标人进行处理。

从本案例可知，法院以张某既不是投标人，也不是利害关系人，其行为只是“检举”不属于“投诉”，不应以《工程建设项目招标投标活动投诉处理办法》为依据处理，否定了张某的投诉主体资格。也就是说，既不是投标人也不是其他利害关系人，则无权提起投诉。

有一个问题，招标人能否作为投诉人进行投诉？这个在实践中很多人认识不清楚，有怀疑。有人认为，《招标投标法》第六十五条没有明确列举招标人，只明确列举了投标人，再一个是“其他利害关系人”，另外招标人是招标活动的主导者，占有谈判优势地位，其可能侵害投标人的权益，别人侵害他的权益是很难的。但这些观点恰恰忽略了投诉人的本质，就是“与招标投标活动有利害关系”。招标人也仅仅是招标投标活动当事人一方，尽管是招标投标活动主导者，在这一竞争性缔约活动中有谈判优势，但是也存在被他人侵害其合法权益的可能性。谁都不会怀疑，招标人是招标投标活动的主要当事人，是招标项目毫无争议的利害关系人，那么自然可以就招标投标活动中的违法行为，向行政监督部门提起投诉。但是招标人不得滥用投诉的权利。

实践中，招标人投诉的问题，主要是招标人不能自行处理，需要通过行政救济途径才能够解决的问题。例如，招标人在评标过程中发现投标人存在相互串通投标、弄虚作假骗取中标、行贿评标委员会成员谋取中标等违法行为的，除了由评标委员会对其作否决投标处理、依据招标文件的约定扣留其投标保证金以外，招标人还可以向行政监督部门投诉，要求进行查处。资格审查委员会未严格按照资格预审文件规定的标准和方法评审，评标委员会未严格按照招标文件规定的标准和方法评标、投标人或者其他利害关系人的异议成立但招标人无法自行采取措施予以纠正等情形。例如有关某中标候选人存在业绩弄虚作假的异议，经招标人核实后情况属实，而评标委员会又无法根据投标文件的内容给予认定，评标时缺少进行查证的必要手段，如果由招标人自行决定或者自行否决又容易被滥用，可以提出投诉，由行政监督部门依法调查认定和处理。如果招标人对资格预审结果、评标结果有异议，认为资格审查委员会、评标委员会评审错误，此时完全可以要求资格审查委员会、评标委员会进行纠正，拒不改正的，招标人有权提起投诉，这一点在很多投诉案件中都已经被认可。

【案例 13】

某天然气管道工程招标，某工业设备安装集团有限公司为中标候选人。在中标候选人公示期间，招标人某省天然气开发有限公司提起投诉，主张：根据评标结果显示，排序第一的某工业设备安装集团有限公司的商务报价得分为 98.97 分，而按照招标文件的规定，商务报价得分应为 92.38 分，因此本次评标有误。要求行政监督部门责令被投诉人评标委员会复评。

某省发展改革委查明确实存在上述情形，认为评标委员会未按照招标文件规定的评标标准和方法评标，导致商务标评分错误，直接影响评标结果，投诉反映的问题属实，作出如下处理意见：投诉成立，责令改正。

这就是一个招标人投诉评标委员会的案例。评标委员会评审错误，侵害招标人利益时，招标人也可以投诉评标委员会。

《工程建设项目招标投标活动投诉处理办法》第三条第二款对“其他利害关系人”的范围进行了界定：“指投标人以外的，与招标项目或者招标活动有直接和间接利益关系的法人、其他组织和个人”。同时，该办法第十二条也规定，“投诉人不是所投诉招标投标活动的参与者，或者与投诉项目无任何利害关系”的，行政机关不予受理投诉。但是他们可以对招标投标中的违法行为进行举报。

投诉人明确了，那么被投诉人也就明确了，就是投诉人的利益相对方，招标人可以将投标人或评标委员会作为被投诉人。投标人可以将招标人作为被投诉人，但对评标结果不服的，只能将招标人作为被投诉人，不能将评标委员会作为被投诉人，因为评标委员会受托从事的评标行为结果归属于招标人承受。

第四节　投诉受理主体

投诉受理主体是有权受理招标投标投诉事项并依法作出行政决定的行政机关。根据《招标投标法》第六十五条规定，投诉受理主体是“有关行政监督部门”，具体行政监督部门及在招标投标监督管理中的职权划分，由国务院规定。实行招标投标的领域较广，涉及很多部门，不宜由一个部门对招标投标活动统一实施监督，只能根据不同领域工程建设的特点，由有关部门在各自职权范围内分别负责对招标投标活动进行监督，确立了对招标投标活动监督“九龙治水”的现状。

《国务院办公厅关于印发国务院有关部门实施招标投标活动行政监督的职责分工意见的通知》(国办发〔2000〕34 号)明确了职责分工，规定：“对于招标投标过程（包括招标、投标、开标、评标、中标）中泄露保密资料、泄露标底、串通招标、串通投标、歧视排斥投标等违法活动的监督执法，按现行的职责分工，分别由有关行政主管部门负责并受理投标人和其他利害关系人的投诉。按照这一原则，工业（含内贸)、水利、交通、铁道、民航、信息产业等行业和产业项目的招标投标活动的监督执法，分别由经贸、水利、交通、铁道、民航、信息产业等行政主管部门负责；各类房屋建筑及其附属设施的建造和与其配套的线路、管道、设备的安装项目和市政工程项目的招标投标活动的监督执法，由建设行政主管部门负责；进口机电设备采购项目的招标投标活动的监督执法，由外经贸行政主管部门负责。”

《招标投标法实施条例》第四条进一步规定：“国务院发展改革部门指导和协调全国招标投标工作，对国家重大建设项目的工程招标投标活动实施监督检查。国务院工业和信息化、住房城乡建设、交通运输、铁道、水利、商务等部门，按照规定的职责分工对有关招标投标活动实施监督。县级以上地方人民政府发展改革部门指导和协调本行政区域的招标投标工作。县级以上地方人民政府有关部门按照规定的职责分工，对招标投标活动实施监督，依法查处招标投标活动中的违法行为。县级以上地方人民政府对其所属部门有关招标投标活动的监督职责分工另有规定的，从其规定。财政部门依法对实行招标投标的政府采购工程建设项目的预算执行情况和政府采购政策执行情况实施监督。监察机关依法对与招标投标活动有关的监察对象实施监察。”本条规定与《国务院办公厅关于印发国务院有关部门实施招标投标活动行政监督的职责分工意见的通知》（国办发〔2000〕34号）文件规定精神是一致的。

各地方政府也有类似的职责分工。如《青海省招标投标投诉处理办法》第四条规定：“各级发展改革、工业和信息化、国有资产监督管理、自然资源、生态环境、住房和城乡建设、交通运输、水利、农业农村、商务、卫生健康、林业和草原、广播电视、医疗保障、能源、铁路、民航、政务服务监管等行政监督部门，依照国务院、省、市州、县（市、区、行委）人民政府的职责分工，受理招标投标投诉并依法作出处理决定。（一）省发展改革委负责受理对省重点建设项目招标投标活动的投诉，并依法作出处理决定。有关行业行政监督部门已经收到的，应当通报省发展改革委，省发展改革委不再受理。（二）工业和信息化行政监督部门负责受理工业、信息化建设项目以及其他由工业和信息化主管部门行使行政监督权的项目招标投标活动的投诉，并依法作出处理决定。（三）国有资产监督管理部门负责受理国有产权交易活动以及其他由国有资产监督管理部门行使监督权的项目招标投标活动的投诉，并依法作出处理决定。（四）自然资源行政监督部门负责受理国有土地使用权出让、土地整治、矿业权出让转让以及其他由自然资源部门行使行政监督权的项目招标投标活动的投诉，并依法作出处理决定。（五）生态环境行政监督部门负责受理由生态环境部门行使行政监督权的项目招标投标活动的投诉，并依法作出处理决定。（六）住房和城乡建设行政监督部门负责受理各类房屋建筑和市政基础设施工程项目以及其他由住房和城乡建设部门行使行政监督权的项目招标投标活动的投诉，并依法作出处理决定。（七）交通运输行政监督部门负责受理公路、水运、地方铁路工程项目以及其他由交通运输部门行使行政监督权的项目招标投标活动的投诉，并依法作出处理决定。（八）水利行政监督部门按照管理权限，负责受理防洪、灌溉排涝、水土保持、水利枢纽及其附属设施的建设项目以及其他由水利部门行使行政监督权的项目招标投标活动的投诉，并依法作出处理决定。（九）农业农村行政监督部门负责受理农业、农村工程等和农业、农村有关的项目招标投标活动的投诉，并依法作出处理决定。（十）商务行政监督部门负责受理进口机电设备采购招标投标活动的投诉，并依法作出处理决定。（十一）卫生健康行政监督部门负责受理由卫生健康部门行使行政监督权的项目招标投标活动的投诉，并依法作出处理决定。（十二）林业和草原行政监督部门负责受理林业、草原工程等和林业、草原有关的项目招标投标活动的投诉，并依法作出处理决定。（十三）广播电视行政监督部门负责受理广播电视的项目招标投标活动的投诉，并依法作出处理决定。（十四）医疗保障行政监督部门负责受理药品、医用耗材以及由医疗保障部门行使行政监督权的项目招标投标活动的投诉，并依法作出处理决定。（十五）能源行政监督部门负责受理能源项目招标投标活动的投诉，并依法作出处理决定。（十六）铁路行政监督部门负责受理铁路工程建设项目招标投标活动的投诉，并依法作出处理决定。（十七）民航行政监督部门负责受理民航专业工程建设项目招标投标活动的投诉，并依法作出处理决定。（十八）政务服务监管部门负责受理公共资源交易项目和无明确行政监督部门项目招标投标活动的投诉，并依法作出处理决定。（十九）公安机关负责调查处理行政监督部门移送的在招标投标活动中涉嫌串通投标、敲诈勒索以及其他违法犯罪行为。（二十）纪检监察机关负责受理反映招标投标活动中党组织、党员以及监察对象涉嫌违纪或者职务违法、职务犯罪问题的检举控告。"

投诉人应当根据上述规定确定有管辖权的行政监督部门并向其提出投诉。如各类房屋建筑及其附属设施的建造和与其配套的线路、管道、设备的安装项目和市政工程项目的招标投标活动的监督执法，就由各地住房和城乡建设行政主管部门负责；进口机电设备采购项目招标投标活动的监督执法，就由各级商务主管部门负责。地方政府另有规定的，从其规定。如《宣城市工程建设项目招标投标活动异议与投诉处理办法》第三条规定："市公共资源交易监督管理局负责受理、处理市本级工程建设项目招标投标活动投诉，监督招标投标活动的异议处理。各县（市、区）相关职能部门按照职责分工和监管权限，受理和处理辖区内工程建设项目招标投标活动投诉，监督招标投标活动的异议处理。"

行政监督部门必须依法行政，对投诉事项进行受理和处理必须有法律的授权，授予其对该招标投标活动进行监督，否则越权受理缺乏法律依据，作出的投诉处理决定也是无效的。当事人进行投诉，首要的问题是确定行政监督部门是谁。

【案例14】

某国际机场商业招商项目招标。某名店管理公司以项目招商文件中响应人资格条件以不合理的条件限制或排斥潜在投标人为由提出异议。之后又向省国资委递交投诉书，要求修改文件。省国资委将该投诉转至省机场管理集团处理，省机场管理集团又将该投诉转至某国际机场股份有限公司处理。某名店管理公司不服，诉至法院请求确认省国资委对投诉不履行法定职责行为违法，判令作出投诉处理决定。

法院就“省国资委是否是涉案公司招标投标项目的行政主管部门”认为，《中华人民共和国企业国有资产法》第四条第一款规定：“国务院和地方人民政府依照法律、行政法规的规定，分别代表国家对国家出资企业履行出资人职责，享有出资人权益。”该法第六条规定：“国务院和地方人民政府应当按照政企分开、社会公共管理职能与国有资产出资人职能分开、不干预企业依法自主经营的原则，依法履行出资人职责。”该法第十一条第一款规定：“国务院国有资产监督管理机构和地方人民政府按照国务院的规定设立的国有资产监督管理机构，根据本级人民政府的授权，代表本级人民政府对国家出资企业履行出资人职责。”该法第十四条第一款规定：“履行出资人职责的机构应当依照法律、行政法规以及企业章程履行出资人职责，保障出资人权益，防止国有资产损失。”《企业国有资产监督管理暂行条例》第七条第一款规定：“各级人民政府应当严格执行国有资产管理法律、法规，坚持政府的社会公共管理职能与国有资产出资人职能分开，坚持政企分开，实行所有权与经营权分离。”由此可见，根据法律法规授权，省国资委所履行的出资人职责，是省级人民政府对国家出资企业国有资本投资运营、防止国有资产流失等国有资产保值增值问题上所负有的监督管理职权。本案中，某名店管理公司投诉的公司在运营管理过程中招标投标违法违规行为，并不属于前述监督管理范围。因此，省国资委并非某名店管理公司投诉事项的行政主管部门，某名店管理公司投诉事项可根据《民用机场管理条例》的相关规定向有关部门主张。

在这个案例中，法院的裁判观点是，国有资产监管机构不具有对国有企业招标投标活动进行监督的行政职权。那么，如何确定国有企业招标投标活动的监督部门呢？不是任何行政机关都有对招标投标活动进行行政监督的权限，还要看法律是否赋予其相应权限，依据分别是《国务院办公厅印发国务院有关部门实施招标投标活动行政监督的职责分工意见的通知》）国办发〔2000〕第 34 号）、《招标投标法》第七条和《招标投标法实施条例》第四条，要依据招标项目的类型来确定。如果是国企的房屋建筑工程招标，监督部门就是属地住房建设部门；如果是水利工程，就是水利部门。如果是重点工程建设项目，发展改革部门同时也是监督部门。所

以本书所收录案例中，很多投诉案例就是来自当地发展改革委作出的投诉处理决定。还可以看出，也不是所有的招标投标活动都有相应行政监督部门进行监督，比如国企购买非工程建设项目用的设备，就很难找到相应的行政监督部门受理投诉。当然，有的地方规定本地公共资源交易监督管理局或发展改革委统一监督本地各类招标投标活动，或监督无明确监督部门的招标投标项目，如《阜阳市招标采购监督管理暂行办法》第五条规定："市有关行政主管部门对下列项目招标投标活动过程的监督管理职能，由市招标投标监督管理局集中行使：（一）市发展改革部门负责的重点工程项目，市住房城乡建设部门负责的房屋建筑及市政建设工程项目，市水务、交通运输等部门负责的水利、交通等建设工程项目。（二）市财政部门负责的政府采购项目。（三）市国土资源部门负责的国有土地使用权、矿产资源探矿权和采矿权出让项目。（四）市国有资产监督管理部门负责的国有产权和股权转让项目。（五）市卫生部门负责的设备、医疗器械等集中采购项目。（六）其他依法必须招标的市政府投资项目和市政府公共资源交易项目等。"

一些央企或国企集团层面指定上级部门接受"投诉"，但该投诉实际上是企业内部监督程序，而不是《招标投标法》所指的"投诉"，此处所称的"投诉"是行政处理程序，必须是向行政机关提出投诉由其进行处理，与前者企业自行处理有本质的区别。企业内部"投诉"的处理不适用《招标投标法》，按照企业内部规章制度的规定办理。很多央企和地方国有企业都设立了类似“异议＋内部监督”的争议处理制度，对子公司各类招标活动有异议的，先向该子公司提出异议，如对其异议答复不满意的，可以向集团公司再次提出“投诉”，这也就给投标人对某些招标项目“投诉无门”又提供了一次维权的机会和渠道。

行政监督部门除了依据国办发〔2000〕34 号文件和《招标投标法实施条例》第四条的规定确定外，还主要依据地方政府的规定来确定。

【案例 15】

某县公共资源交易监督管理局接到其他投标人投诉，反映某建设集团有违法行为，后作出投诉处理决定。某建设集团不服起诉认为，某县公共资源交易监督管理局是事业单位法人，不是行政机关，县人民政府将招标投标活动的监督职责分工给事业单位法人是违法的。

法院审理认为，《招标投标法实施条例》第四条第二款规定，县级以上地方人民政府有关部门按照规定的职责分工，对招标投标活动实施监督，依法查处招标投标活动中的违法行为。县级以上地方人民政府对其所属部门有关招标投标活动的监督职责分工另有规定的，从其规定。《××县招标采购监督管理办法》第五条第一款规定，县有关行政主管部门对下列项目招标投标活动过程的监督管理职能，由县公共资源交易监督管理局集中行使：县发展改革部门负责的重点工程项目、县住建部门负责的房屋建筑及市政建设工程项目，县水务、交运等部门负责的水利、交通等建设工程项目。故某县公共资源交易监督管理局具有对涉案项目招标投标活动的监督管理职权。

这个案例中，地方政府依据《招标投标法实施条例》第四条第二款的规定，对招标投标活动行政监督权进行确定，将县发展改革、住建、水务、交通运输等部门负责的建设工程项目招标投标活动的监督管理职能，交由县公共资源交易监督管理局集中统一行使，符合法律授权规定，具有受理投诉、进行监督的权限。

在实践中，还会出现就同一投诉事项，有两个部门都有权受理的情形。例如，在横向层级上，根据《国务院办公厅关于印发国务院有关部门实施招标投标活动行政监督的职责分工意见的通知》(国办发〔2000〕34号)，国家重大建设项目的招标投标活动既接受行业管理部门的监督，同时接受国家发展改革委的监督。也就存在同一事项有两个以上部门有权受理投诉的情形。各省级人民政府确定的地方重大建设项目也存在类似的情况。在纵向层级上，投诉人就同一事项同时向不同层级的行政监督部门投诉的现象也比较普遍，而不同层级的行政监督部门均有权受理有关投诉。根据《招标投标法实施条例》第六十一条第一款规定，投诉人就同一事项向两个以上有权受理的行政监督部门投诉的，由最先收到投诉的行政监督部门负责处理。要注意收到投诉材料不等于受理投诉，是两个概念。“收到”是行政监督部门接收投诉人提交的投诉书及相关材料的行为。“受理”是行政监督部门对投诉人的投诉进行审查后，对符合法定受理条件的投诉决定立案，并启动投诉调查处理程序的行为。

下面来看一下案例。

【案例 16】

某建设工程顾问有限公司参加了某建设项目全过程跟踪审计的投标，对中标结果公示不满意提起异议，不服异议回复又向某县发展改革委提起投诉。某县发展改革委以《处理函》作出回复。某建设工程顾问有限公司对此处理意见不满意又申请行政复议。

某市发展改革委审理认为：

（1）某县发展改革委无受理某项目招标投标投诉处理的权限。该项目为交通项目，主管部门为某县交通委。《××市招标投标条例》第四条第二款规定：“区县（自治县）发展改革部门负责指导、协调和综合监督本行政区域招标投标工作，对本行政区域的招标投标活动监督工作实施检查并督促整改，对无行业监督部门监督的招标投标活动实施监督。区县（自治县）有关部门按照规定的职责分工对招标投标活动实施监督，依法查处招标投标活动中的违法行为。区县（自治县）人民政府对其所属部门有关招标投标活动的监督职责分工另有规定的，从其规定。”

《××县人民政府关于加强招标投标活动管理工作的通知》规定：“县发展改革委：履行招标投标工作指导、协调和综合监督职责……城乡建设、水利、交通、国土房管、经信等行业监管部门要按照职责分工……受理、调查并处理行政监督管理权限范围内的投诉和纠纷……”。因此，某项目招标投标投诉处理权限属于某县交通委，某县发展改革委无权处理针对某项目本身的投诉。

（2）某县发展改革委未书面告知某建设工程顾问有限公司向某县交通委投诉的行为不符合法定程序。《工程建设项目招标投标活动投诉处理办法》第十一条规定：“行政监督部门收到投诉书后，应当在三个工作日内进行审查，视情况分别作出以下处理决定：……（二）对符合投诉受理条件，但不属于本部门受理的投诉，书面告知投诉人向其他行政监督部门投诉”。根据以上规定，某县发展改革委应当在三个工作日内书面告知某建设工程顾问有限公司向某县交通委投诉，但某县发展改革委并未书面告知，而是自行作出《处理函》。

综上所述，某市发展改革委决定：确认某县发展改革委未依法书面告知某建设工程顾问有限公司向某县交通委投诉的行为违法。

在这个案例中，我们要看到行政机关收到投诉书后，经

审查，发现本机关无权受理的，应当书面告知投诉人向其他行政监督部门投诉，否则就是行政不作为，或者像本案例中所说的超越职权“作为”，都是不合法的。

第五节　投诉期限

“法律不保护沉睡的权利。”投诉人有权进行投诉，但不是在什么时间都可以投诉，而是应当尽可能早地提起，以免投诉太晚影响招标工作的效率和各方利益。比如已经进入评标了，再投诉招标文件内容，则会妨碍招标效率甚至会导致一些程序推倒重来；如果已经履行合同甚至履行完毕再投诉中标人资格不合格，此时很难纠正违法行为。因此，投诉应当在法律规定的投诉期限内提出。《招标投标法实施条例》第六十条第一款规定了投诉时间，即：“投标人或者其他利害关系人认为招标投标活动不符合法律、行政法规规定的，可以自知道或者应当知道之日起 10 日内向有关行政监督部门投诉”。这是基于效率考虑，督促当事人尽快行使权利，促进法律关系的稳定性，要求必须自知道或者应当知道自认为的“违法行为”发生之日起 10 日内提出投诉，权利人在此期间内不行使相应的投诉权利，则在该法定期间届满时，其投诉的权利自动失去法律的保护，行政监督部门不予受理迟到的投诉。

投诉的起点是“自知道或者应当知道之日起”，“知道”

是实际上已经知悉。“应当知道”是合理的推断，应当区别不同的环节。一般认为，资格预审公告或者招标公告发布后，投诉人应当知道资格预审公告或者招标公告是否存在排斥潜在投标人等违法违规情形；投诉人获取资格预审文件、招标文件一定时间后应当知道其中是否存在违反现行法律法规规定的内容；开标后投诉人即应当知道投标人的数量、名称、投标文件提交、标底等情况，特别是是否存在《招标投标法实施条例》第三十四条规定的“控股关系”等情形；中标候选人公示后应当知道评标结果是否存在违反法律法规和招标文件规定的情形；资格预审评审或者评标结束后，即应知道资格审查委员会或者评标委员会是否存在未按照规定的标准和方法评审或者评标的情况，等等。上述是依据生活经验法则，根据一般情形作出的规定。计算投诉时效，就以这个“知道或者应当知道”的起点来计算。

【案例17】

某国际工程公司代理某公司高压煤浆泵采购项目招标，第一中标候选人为某矿业公司。2015年6月28日泵业公司对此在招标网上提出异议。同日，国际工程公司在招标网“异议答复”项中录入“我们正在核实贵公司提出的异议问题，将尽快作出异议处理”，此后双方多次通过电子邮件沟通。2015年7月30日，国际工程公司书面答复：“对招标文件中提出的关键技术及业绩要求，矿业公司均响应且满足”。2016

年4月28日，泵业公司向市商委投诉。市商委以投诉超过投诉期限为由，作出不予受理告知书。泵业公司遂起诉。

法院认为，本案争议焦点是泵业公司的投诉是否超过法定期限。泵业公司2015年6月28日的异议是在公示期内提出的有效异议，招标机构应在3日内，即2015年7月1日前作出答复。“我们正在核实贵公司提出的异议问题，将尽快作出异议处理”的意见，是招标网异议答复栏内的内容，投标人如果对其不认可，应在该答复作出之日起10日内向主管部门投诉；如果认为该答复没有实质内容，属于无效答复或者视同未答复，应当在答复期满之日（2015年7月1日）起10日内向主管部门投诉。

因而，对于2015年6月28日提出异议的投诉期，最长至2015年7月11日止。同时，考虑到招标机构曾于7月30日书面答复，即使按照该时间计算期限，泵业公司最迟应也在该日期后的10日内投诉。泵业公司未及时行使投诉权，而是与招标机构反复沟通，最终导致其投诉超过法定期限。

市商委接收投诉材料，在认定泵业公司已超过投诉期限的情况下，依据《机电产品国际招标投标实施办法（试行）》第八十五条第七项的规定，对其投诉不予受理，适用法律正确。综上所述，法院判决驳回泵业公司的诉讼请求。

这个案例中，投诉人就是在收到异议回复之日起10日内未提起投诉而导致投诉时效届满，其投诉没有被受理。需要

注意的是，如果投标人提起异议，招标人未予以回复，则投诉的起算时间是招标人异议答复期限届满的那一天，自这一天起满 10 日就应当提起投诉。

我们再看下面的案例。

【案例 18】

某机场二期工程建设指挥部采购一批设备，某设备公司参与投标，提出异议后又对异议回函不服提起投诉，某市发展改革委作出不予受理的决定，某设备公司不服起诉。

法院认为，某设备公司向招标人、招标代理机构提出异议后，于 2014 年 11 月 18 日收到回函，招标人并未认定评标结果或招标过程存在违法，故某设备公司至迟于上述时点应当知道其权益可能已经受到侵害，但某设备公司直至 2015 年 4 月 8 日才就此进行投诉，明显已经超过了《招标投标法实施条例》和《工程建设项目招标活动投诉处理办法》规定的投诉期限，某市发展改革委据此作出《告知书》，对某设备公司的投诉不予受理，并无不当。但某市发展改革委在 2015 年 4 月 8 日收到投诉后，于 2015 年 5 月 19 日作出《告知书》，决定对投诉不予受理，超过了《工程建设项目招标投标活动投诉处理办法》规定的期限，属于程序违法。

从上面案例来看，有权利必须抓紧行使。在法定的投诉时效内，如果不投诉，就丧失了投诉的权利，超过该期限提起投诉的，不受法律保护。所以，投诉时效非常重要。投标人参加投标，如果发现招标人的行为有违法之处要进行投诉的，一定要在法律规定的投诉时效内进行投诉。从另一个角度来看，投诉人超出投诉时效提起投诉不予受理，是否意味着如果招标投标活动确实存在违法行为也无行政监督部门予以处理，招标人可以不受影响？不是的。尽管对于投诉事项，行政监督部门不能受理该投诉，也仅仅是不能依据投诉被动地行使监督权；但是可以将其作为违法线索，主动行使行政监督权予以查处，这也是其监督职责所在。

第六节　投诉的受理条件

投诉是法定的行政裁决程序，就会有一定的程序性要求，不能太随意。这样可以防止投诉人滥用投诉权，规范投诉人的投诉行为。投诉必须具备一定的形式和内容要件方可受理，不符合条件的不予受理。除了前述投诉人主体资格必须适格、必须在投诉时效内提起投诉外，还应提交投诉书、履行三类事项异议前置程序等。

一、投诉人必须提交投诉书和必要的证明材料

《招标投标法实施条例》第六十条中明确要求“投诉应当有明确的请求和必要的证明材料”。也就是要求投诉人应当提

交投诉书，以有效防止投诉人恶意投诉、滥用投诉权以及行政监督部门不作为或者乱作为。书面的投诉书必须载明投诉人和被投诉人的基本信息、投诉事项的基本事实、相关请求及主张以及有效线索和相关证明材料。至于投诉事项，只要投诉人认为招标投标活动不符合法律、法规规定的，都可以提起投诉。这里的"法律、法规"，也包括规章、地方性法规等下位法的规定。

【案例 19】

在某工程常规蝶阀、偏心半球阀等设备采购招标中，A阀门机械有限公司经异议程序不服提起投诉。投诉事项：B阀门股份有限公司资格条件业绩"××黄河水电总站"不符合招标文件要求，要求现场核实业绩真伪。

经查明，中标候选人B阀门股份有限公司提供的是"××黄河水电总站"的业绩，证明材料为购销合同，经向某县市场监督管理局取证，无法查询到业绩需方"××黄河水电总站"的企业注册信息，已登记且含"黄河电站"的企业只有"××黄河电站有限公司"。

某市发展改革委认为：中标候选人的投标资格条件业绩存在以其他方式弄虚作假，投诉情况属实。处理意见：投诉成立，招标人依据《招标投标法实施条例》第五十五条的规定完成后续招标事宜。

这个案例是投诉人认为招标投标活动中存在违反《招标投标法》的行为而提起的投诉，投诉事项（就是中标候选人存在业绩造假、虚假投标的事实）、投诉请求（要求投诉人赴业绩项目现场核实业绩真伪）都比较明确，事实描述清晰，主张有理有据，故最终得到支持。

一些部门规章明确规定了投诉书的内容及签字盖章等形式要求。如《工程建设项目招标投标活动投诉处理办法》第七条规定："投诉人投诉时，应当提交投诉书。投诉书应当包括下列内容：（一）投诉人的名称、地址及有效联系方式。（二）被投诉人的名称、地址及有效联系方式。（三）投诉事项的基本事实。（四）相关请求及主张。（五）有效线索和相关证明材料。"有些地方政府部门规定的也比较具体，如《宣城市工程建设项目招标投标活动异议与投诉处理办法》第十九条规定："投诉人投诉时，应当提交投诉书及相关证明材料。投诉书应当包括下列内容：（一）投诉人的名称、地址及有效联系方式。（二）被投诉人的名称、地址及有效联系方式。（三）项目基本情况。（四）异议及答复情况。（五）具体、明确的投诉事项与投诉事项相关的请求。（六）事实依据及必要的法律依据。（七）提出投诉的日期。投诉人是法人的，投诉书必须由其法定代表人或者授权代表签字并盖章；其他组织或者自然人投诉的，投诉书必须由其主要负责人或者投诉人本人签字，并附有效身份证明复印件；其他利害关系人投诉的，应当提供与工程建设项目招标投标活动有利害关系的相关证明材料。”

对《招标投标法实施条例》规定应先提出异议的事项进行投诉的，应当附提出异议的证明文件。已向有关行政监督部门投诉的，应当一并说明。投诉人是法人的，投诉书必须由其法定代表人或者授权代表签字并盖章；其他组织或者自然人投诉的，投诉书必须由其主要负责人或者投诉人本人签字，并附有效身份证明复印件。投诉书有关材料是外文的，投诉人应当同时提供其中文译本。需要说明的是，如果是联合体提起的投诉，必须是联合体全体成员提起或者授权牵头人提起，才是有效的投诉，如果仅仅是联合体成员之一或部分成员提起，该投诉无效。

投诉书的内容应符合上述规定，而且应当同时提供投诉事项的证明材料或线索、履行异议前置程序的证明材料等，上述证明材料应当由投诉人按照上述规定签字盖章。内容不全的，行政监督管理部门可以要求投诉人予以补正。

【案例20】

某河道整治工程发布中标人为某水电公司的中标结果公示。公示期间，某市水利局收到某工程公司《关于第一中标候选人建造师不符合资格的举报》。市水利局查实作出投诉处理意见，取消某水电公司的中标资格。该公司不服提起诉讼，主张之一是某工程公司向市水利局提交的是举报书而非投诉书，违反了《工程建设项目招标投标处理办法》第七条规定。

法院认为，某工程公司提交的《关于第一中标候选人建造师不符合资格的举报》，反映的具体事项明确，理由清楚，加盖公司公章，留有联系电话，符合投诉的实质要求，并不能因为标题中的“举报”字样而否定其投诉性质，某水电公司主张是举报书而非投诉书的理由不能成立。

在这个案例中，虽然投诉人提交的是“举报”书，但从内容来看，实际就是“投诉”，应按照投诉来处理。

【案例 21】

某公司新建项目装饰工程施工招标，投标人 B 装饰工程公司在中标候选人公示期内提出异议，认为中标候选人 A 建筑装饰公司投标项目经理李某有在建工程，要求否决 A 建筑装饰公司的投标，重新评标。B 装饰工程公司对异议回复不服提出投诉，要求重新计算基准价，重新评标。某区住建局认为 B 装饰工程公司提交的《关于 ×× 新建项目内装工程开标情况的疑义》，递交对象是某区建设工程招标投标办公室以及招标公司，属于信访性质的反映材料，并不是严格意义上的《招标投标法》规定的“投诉”，故不予受理。B 装饰工程公司不服起诉。

法院认为，根据 B 装饰工程公司提交的“疑义”的内容来看，属于投诉性质，招标人也作出相应回复，故某区住建局认为B装饰工程公司提出的“疑义”的行为属于信访性质的主张不能成立，B装饰工程公司的投诉行为符合《招标投标法》《招标投标法实施条例》的相关规定。

在上述两个案例中，可以看出，投诉人提起投诉时必须提交投诉书，提出其投诉请求，才可以启动投诉程序。但实践中，投诉人提交的材料并不一定就直接称为“投诉书”，可能是“举报信”等。能不能按照投诉处理？上述案例给出了答案，澄清了我们认识上的误区。即不看形式看实质，虽名为“举报信”“疑义书”没有称为“投诉书”，但是只要符合投诉的实质性要求（载明投诉人和被投诉人的基本信息、投诉事项的基本事实、相关请求及主张以及有效线索和相关证明材料），提交给招标投标行政监督部门，提出纠正查处违法行为保护其合法权益的主张的，即应作为投诉书来处理，而不能拘泥于其名称排除在“投诉”之外不予受理。

投诉人可以自己直接投诉，也可以委托代理人办理投诉事务。代理人办理投诉事务时，应将授权委托书连同投诉书一并提交给行政监督部门。授权委托书应当明确有关委托代理权限和事项。

【案例22】

某国有资产管理公司所属创新业务楼改造工程招标，第一次公示A工程公司为第一中标候选人。第二次公示的第一中标候选人为B装饰公司，A工程公司被否决投标，原因是企业有不良行为。某律师事务所发律师函给某区住建局，函告受A工程公司委托，指派律师负责处理A工程公司投诉事项，请求某区住建局进行审查，纠正错误做法。A工程公司在律师函委托单位处盖章。某区住建局在收到律师函后没有作出回复。A工程公司不服，提起本案诉讼。

法院认为，A工程公司委托某律师事务所投诉，某律师事务所未按《工程建设项目招标投标活动投诉处理办法》第七条和第十条的规定提交投诉书、授权委托书，仅向某区住建局发律师函，其形式及内容均不符合规定，该律师函不属于《工程建设项目招标投标活动投诉处理办法》规定的投诉书范畴。某区住建局对该律师函不作回复不构成不履行《工程建设项目招标投标活动投诉处理办法》规定职责的情形。

这个案例告诉我们，投诉人如果委托律师事务所代理其办理投诉事宜，律师事务所就应当按《工程建设项目招标投标活动投诉处理办法》第七条和第十条的规定向行政监督部门提交投诉书、授权委托书，如果仅向行政监督部门发出律师函，而没有投诉书及授权委托书，则其在形式和内容上不符合《工程建设项目招标投标活动投诉处理办法》关于投诉书的规定，也缺少接受投诉人委托进行投诉的代理权限，故该律师函不属于该办法规定的“投诉书”范畴。

这个案例也警示我们，很多招标投标当事人一般都聘请律师代理办理相关法律事务，类似本案中如果委托律师提起投诉，可以由律师起草正式的投诉书并加盖企业印章或法定代表人签字，同时应当给律师出具明确授权其投诉的委托书。

还要注意的是，投诉人行使投诉权必须依法有据，不能仅因为投诉人自己认为招标投标活动不符合法律法规或招标文件的有关规定即可无条件启动投诉，还必须有明确的请求并附必要的证明材料，需要履行最基本的举证责任。如投诉人以非法手段取得证明材料进行投诉，法律不予支持。《招标投标法实施条例》第六十一条第三款规定："投诉人捏造事实、伪造材料或者以非法手段取得证明材料进行投诉的，行政监督部门应当予以驳回。"《工程建设项目招标投标活动投诉处理办法》第二十条第（一）项也规定："行政监督部门认为投诉缺乏事实根据或者法律依据的，应当驳回投诉。"该办法第二十六条进一步规定："投诉人故意捏造事实、伪造证明材料或者以非法手段取得证明材料进行投诉，给他人造成损失的，依法承担赔偿责任。"

投诉人投诉时，应当说明其投诉材料的合法来源。如确实难以取得证明材料的，可以提供线索，要求主管部门查实处理。如果投诉事项不具体，且未提供有效线索，投诉受理机关有权要求其补正。《工程建设项目招标投标活动投诉处理办法》第十二条、《机电产品国际招标投标实施办法（试行）》第八十五条也都规定，投诉书未按规定签字或盖章，未在规

定期限内将投诉书及相关证明材料送达行政监督部门，投诉事项不具体且未提供有效线索而难以查证，或者投诉信息来源不合法的，该投诉不予受理。

【案例 23】

A 消防公司投诉称，在招标人消防工程招标中，B 消防公司等众多投标人的投标文件造假，要求调查处理。

市住建委向 A 消防公司书面通知要求其补充提交有关资格预审结果的信息来源说明和其他投标人资格预审申请文件中内容的信息来源说明。A 消防公司认为要求其提交补充材料没有法律依据。市住建委认为，根据《招标投标法》第二十二条第一款的规定，在投标截止时间之前，已获取招标文件的潜在投标人的名称、数量等均应保密。根据《招标投标法》第四十四条第三款的规定，各潜在投标人的资格预审申请文件内容、资格预审评分的打分情况、评审结果和入围情况不应被投诉人知悉。因此，根据《工程建设项目招标投标活动投诉处理办法》第二十条的规定，驳回 A 消防公司的投诉。A 消防公司不服，提起行政诉讼，请求撤销投诉处理决定。

法院认为，根据《招标投标法》第二十二条第一款、第四十四条第三款规定，在招标人未办理投标人投标资格登记前，已获取招标文件的潜在投标人的名称、数量、资格预审申请文件内容等均应保密。本案中，B 消防公司办理投标人投标资格登记在后，A消防公司投诉在前，此时被投诉对象B消防公司等尚属于潜在投标人，其相关信息理应不为外人所知悉。因此，根据《招标投标法实施条例》第六十一条第三款的规定，“投诉人捏造事实、伪造材料或者以非法手段取得证明材料进行投诉的，行政监督部门应当予以驳回”，市住建委要求投诉人A消防公司对其投诉信息来源予以补充说明，要求合理，并无不当。故在A消防公司未就投诉信息的合法来源予以说明的情况下，市住建委依据《工程建设项目招标投标活动投诉处理办法》第二十条第（一）项的规定，“投诉缺乏事实根据或者法律依据的，驳回投诉”，驳回A消防公司的投诉，并无不当。

这个案例中，人民法院的观点非常明确：投诉人未按照要求说明其投诉信息来源合法的，行政监督部门有权驳回投诉。这也警示我们，招标投标当事人如果提起投诉，投诉信息来源要合法。行政监督部门有权要求投诉人就其提交的投诉材料说明其来源是否合法。依据来源不合法的材料提起投诉的，行政监督部门不予受理。

二、投诉时效

《招标投标法实施条例》第六十条第一款规定：“投标人或者其他利害关系人认为招标投标活动不符合法律、行政法规规定的，可以自知道或者应当知道之日起10日内向有关行政监督部门投诉。”限定提起投诉的时间，是为了督促当事人及时行使权利，维护自己的权益，也为了确保法律秩序的稳定性，确保招标投标活动的效率和结果的可预见性。

关于投诉时效的起算点，一是以明确的“知道”之日起算，“知道”是当事人已经明确通知其相关事实，对方已了解其情况、知道“违法事实”。

【案例24】

招标投标投诉事项不予受理决定书

××高新材料有限公司：

经查，××工程公共区装修合金钢板及干挂（龙骨）系统（货物）采购项目于2021年6月17日开标，当天公示开标记录；6月18日评标，当天公示中标候选人，公示期为2021年6月18日至6月22日。你公司提出异议时间为6月21日，招标人答复异议时间为6月24日。7月8日收到你公司的投诉书，扣除异议及答复时间，自你公司知道或应当知道之日起至你公司提出投诉，时间已超出10日，不符合《招标投标法实施条例》第六十条对投诉时效的规定。

同时，投标保证金设置不合理、招标样品提供不合法的投诉事项提起投诉前，你公司未在法定时间向招标人提出异议，不符合《招标投标法实施条例》第六十条对投诉前置条件的规定。根据《工程建设项目招标投标活动投诉处理办法》第十二条“有下列情形之一的投诉，不予受理：……（四）超过投诉时效的……（六）投诉事项应先提出异议没有提出异议、已进入行政复议或行政诉讼程序的”规定，本机关决定不予受理。

在这个案例中，招标人答复异议时间为6月24日，这就是已经知道异议结果，应当自该日起10日内投诉，但投诉人7月8日才投诉，远远超过10日，故不予受理。

关于投诉时效的起算点，二是不明确时间起算点的，需要根据案件事实推定当事人“应当知道”。“应当知道”是推断其知道相关事实，认定标准应当区别不同的环节，前面在“投诉期限”一节已经具体讲过，不再重复。我们看下面案例。

【案例25】

招标投标活动投诉不予受理决定书

投诉人：××建筑工程有限公司

2020年4月23日，我委收到投诉人关于××区××街道齿轮厂物业分离移交解危修缮工程、××区××煤电公司移交综合整治建设项目（第二次）招标活动投诉书，我委立即对投诉书进行审查，经调查，被投诉的两个项目招标公告分别于4月1日、4月2日在××市公共资源交易监督网、××建设工程信息网、××区住房和城乡建设委员会专栏和

× × 公共资源综合交易网上予以公开发布，将于 4 月 23 日、4 月 24 日分别开标。

根据《招标投标法实施条例》第六十条“投标人或者其他利害关系人认为招标投标活动不符合法律、行政法规规定的，可以自知道或者应当知道之日起 10 日内向有关行政监督部门投诉。”《× × 市招标投标活动投诉处理实施细则》第七条规定“投标人和其他利害关系人认为招标投标活动不符合法律、法规和规章，自知道或者应当知道之日起 10 日内可向行政监督部门投诉。”该细则第十六条列举了不予受理的九种情形，该投诉符合第五款“超过投诉时效”的情形。经研究决定，对 × × 建筑工程有限公司向我委投诉的事项不予受理。

在本案例中，被投诉的两个项目招标公告分别于 4 月 1 日、4 月 2 日在媒体上公开发布，招标公告发布之日应认定为投标人或者其他利害关系人知道或者应当知道招标公告内容是否合法、是否侵害其合法权益之日，投标人自上述日期之日起 10 日内应对异议事项进行投诉，但其直到 4 月 23 日才进行投诉，超出 10 日的投诉时效，故其投诉不予受理。

另外，还要注意异议答复期间不计算在法律规定的提起投诉的期限之内。我们看下面的案例。

【案例 26】

不服招标投标投诉处理行政复议决定书

申请人某机电设备有限公司请求：撤销某区发展改革委《不予受理投诉的决定书》，依法受理该次招标投诉。

某市发展改革委经审理查明，×× 工程项目于 2017 年 10 月 13 日公开招标，2017 年 10 月 18 ~ 20 日对评标结果进行了公示。申请人于 2017 年 10 月 19 日向招标人提出异议，招标人于 2017 年 10 月 23 日作出《异议回复函》。2017 年 11 月 7 日，申请人向被申请人提出投诉。被申请人于 2017 年 11 月 8 日作出《决定书》，称申请人的投诉已超过投诉时效，决定不予受理。

某市发展改革委认为：

（1）招标人未就申请人的异议作出答复。本案例中，招标人在 2017 年 10 月 23 日作出的《异议回复函》中称，正在核实申请人质疑提出的问题，且要求申请人提供相关证明材料，以便进一步核实。该《异议回复函》未对申请人所质疑的内容进行实质性回应。同时，申请人根据招标人的要求，于 2017 年 10 月 26 日再次向招标人提交回复函和相关证明材料后，截至申请人提出复议申请时，未收到招标人对异议的处理结果。因此，应当认为招标人未就申请人的异议作出答复。

（2）申请人的投诉未超过投诉时效。根据《招标投标法实施条例》第六十条"投标人或者其他利害关系人认为招标投标活动不符合法律、行政法规规定的，可以自知道或者应当知道之日起10日内向有关行政监督部门投诉……异议答复期间不计算在前款规定的期限内”的规定，投诉时效不包括异议处理时间，是为了避免招标人故意拖延对异议的回复而导致异议人丧失投诉权的情况发生。因此，在本案中招标人未就异议作出答复的情况下，应当认为异议环节尚未结束，不应当认定申请人的投诉已超过投诉时效，并以此为理由不予受理申请人的投诉。

综上所述，决定撤销某区发展改革委作出的《决定书》，责令被申请人重新作出处理。

在这个案例中，某投标人按时向招标人提出异议，尽管该招标人于10月2日作出了异议回复函，但该异议回复函仅要求某投标人补充提交证明材料，并未对该异议是否成立、后续如何处理作出明确答复，实为仍在异议处理期，该段时间不应在计算投诉时效时扣除，故该投标人提出投诉并未超出投诉时效。

三、投诉的审查与受理

行政监督部门收到投诉书后应当进行初步形式审查，决定投诉是否符合受理条件，并根据审查情况在3个工作日内作出受理或者不受理的决定。对此，《招标投标法实施条例》第六十一条第二款规定：“行政监督部门应当自收到投诉之日起3个工作日内决定是否受理投诉……”一般来说，只要投诉符合法律法规规定的前述形式要件，行政监督部门就应当予以受理。

不符合投诉处理条件的，应决定不予受理。对此，《工程建设项目招标投标活动投诉处理决定》第十一条也有规定："行政监督部门收到投诉书后，应当在3个工作日内进行审查，视情况分别作出以下处理决定：（一）不符合投诉处理条件的，决定不予受理，并将不予受理的理由书面告知投诉人。（二）对符合投诉处理条件，但不属于本部门受理的投诉，书面告知投诉人向其他行政监督部门提出投诉；对于符合投诉处理条件并决定受理的，收到投诉书之日即为正式受理。"

现行《招标投标法》并没有像《民事诉讼法》那样作出关于投诉受理条件的规定。但结合投诉人、投诉书的相关规定以及不予受理的相关规定，可以得知受理投诉的基本条件有以下几点：

（1）投诉人是投标人或者其他利害关系人。

（2）投诉人必须提交投诉书和必要的证明材料，投诉书经有效签字、盖章。

（3）对资格预审文件和招标文件内容、开标过程和评标结果三类事项已经履行异议前置程序。

（4）未超过投诉时效。

（5）属于本行政监督管理部门监督的招标投标活动范围。

对于这些条件，前面已经分别详细阐述清楚了，不再赘述。

不符合上述条件的，行政监督部门有权作出书面不予受理的决定。《工程建设项目招标投标活动投诉处理办法》第十二条具体规定了不予受理的一些情形，即："有下列情形之一的投诉，不予受理：（一）投诉人不是所投诉招标投标活动的参与者，或者与投诉项目无任何利害关系。（二）投诉事项不具体，且未提供有效线索，难以查证的。（三）投诉书未署具投诉人真实姓名、签字和有效联系方式的；以法人名义投诉的，投诉书未经法定代表人签字并加盖公章的。（四）超过投诉时效的。（五）已经作出处理决定，并且投诉人没有提出新的证据的。（六）投诉事项应先提出异议没有提出异议、已进入行政复议或行政诉讼程序的。”

下面是因为不符合受理投诉的条件，当事人提起投诉后，均被行政监督部门决定不予受理的情形和案例，有助于我们掌握哪些投诉可能不被受理，以及如何才能提出有效的投诉。

（一）因对招标公告内容异议答复事项投诉超期不予受理

【案例 27】

招标投标投诉事项不予受理决定书

××土地勘测规划设计有限公司：

2020 年 8 月 11 日，本机关收到你公司当日提交的关于××地铁 3 号线一期工程、××地铁 4 号线二期工程、××机场轨道快线等非开挖地下管线精确探测项目招标文件的投诉材料。

经查，上述三个项目标段的招标公告于 2020 年 7 月 17

日发布，你公司于 7 月 23 日就该三个项目招标公告载明的投标人资质问题向招标人提出异议，招标人于 7 月 24 日答复。扣除异议及答复时间，自你公司知道或应当知道之日起至你公司提出投诉，时间已超出 10 日，不符合《招标投标法实施条例》第六十条对投诉时效的规定。

根据《工程建设项目招标投标活动投诉处理办法》第十二条“有下列情形之一的投诉，不予受理：……（四）超过投诉时效的……”本机关决定不予受理。

【评析】

如前所述，行政监督部门收到投诉书后应当进行初步形式审查，决定投诉是否符合受理条件，并根据审查情况在 3 个工作日内作出受理或者不受理的决定。其中，受理投诉的条件之一即是投标人或其他利害关系人应当依法在《招标投标法实施条例》第六十条规定的投诉时效内提起投诉，即：“投标人或者其他利害关系人认为招标投标活动不符合法律、行政法规规定的，可以自知道或者应当知道之日起 10 日内向有关行政监督部门投诉。”超过投诉时效的投诉，行政机关不予受理。《工程建设项目招标投标活动投诉处理办法》第十二条明确规定：“有下列情形之一的投诉，不予受理：……（四）超过投诉时效的……”在本案例中，× × 土地勘测规划设计有限公司于 7 月 24 日收到招标人对招标文件内容异议的答复后，直到 8 月 11 日才提出投诉，因其投诉已超过 10 日，行政机关以超过投诉时效为由决定不予受理具有法律依据。

【启示】

投标人对招标公告载明的资质问题有异议的，在招标人对异议事项作出答复后仍不满意的，应在收到该答复后 10 日向有关行政监督部门提起投诉，若不及时提起投诉，将会因为超出投诉时效被驳回，投诉人应承担由此产生的不利后果。

（二）因对招标文件内容有异议提起投诉超期不予受理

【案例 28】

招标投标投诉事项不予受理决定书

××材料有限公司：

2022 年 4 月 8 日，本机关收到你公司提交的关于××科技有限公司的投诉材料。

经查，××工程项目公共区装修合金钢板采购项目于 2021 年 3 月 17 日开始发布招标公告，当天同时发售招标文件。你公司 3 月 18 日购买招标文件，3 月 21 日提出异议，招标人答复异议时间为 3 月 23 日。自你公司知道或应当知道之日起至你公司提出投诉，时间已超出 10 日，不符合《招标投标法实施条例》第六十条对投诉时效的规定。

根据《工程建设项目招标投标活动投诉处理办法》第十二条“有下列情形之一的投诉，不予受理：……（四）超过投诉时效的……”规定，本机关决定不予受理。

【评析】

根据《工程建设项目招标投标活动投诉处理办法》第九条规定，投诉人认为招标投标活动不符合法律、行政法规规定的，可以在知道或者应当知道之日起 10 日内提出书面投诉，异议答复期间不计算在内。逾期提出投诉的，应驳回投诉。在本案例中，投诉人 3 月 23 日收到招标人对其异议进行的答复，应当自该日起 10 日内进行投诉，但该公司直到 4 月 8 日才提交投诉书，已经超出投诉时效，故行政监督部门决定不予受理该投诉。

【启示】

潜在投标人对招标文件内容有异议的，应当在投标截止时间 10 日前提出，招标人应当在收到异议之日起 3 日内作出答复；潜在投标人对异议答复不服的，应当在收到异议答复之日起 10 日内进行投诉。

（三）因对中标候选人公示事项投诉超期不予受理

【案例 29】

招标投标投诉事项不予受理决定书

××建筑装饰工程有限公司：

2021 年 10 月 28 日，本机关收到你公司提交的关于××

装饰股份有限公司的投诉材料。

经查，×× 国际机场三期项目新建航站楼及陆侧交通中心工程旅客过夜用房装修装饰工程Ⅲ标段于 2021 年 9 月 27 日开标、28 日评标；9 月 29 日公示中标候选人，公示期为 2021 年 9 月 29 日至 10 月 8 日。你公司提出异议时间为 10 月 8 日，招标人答复异议时间为 10 月 11 日。扣除异议及答复时间，自你公司知道或应当知道之日起至你公司提出投诉，时间已超出 10 日，不符合《招标投标法实施条例》第六十条对投诉时效的规定。

根据《工程建设项目招标投标活动投诉处理办法》第十二条“有下列情形之一的投诉，不予受理：……（四）超过投诉时效的……”规定，本机关决定不予受理。

【评析】

在本案例中，投诉人是就评标结果不满意而提出投诉的，首先应在中标候选人公示期（即 9 月 29 日至 10 月 8 日）提出异议，对该异议不满意再提起投诉，但其在 10 月 8 日向招标人提出异议，10 月 11 日收到招标人作出的答复，之后到 10 月 28 日才提起投诉，已超出 10 日，因此根据《工程建设项目招标投标活动投诉处理办法》第十二条“有下列情形之一的投诉，不予受理：……（四）超过投诉时效的……”规定，行政监督部门依法决定不予受理该投诉。

【启示】

投标人或者其他利害关系人如果对招标投标活动存在争

议，应当在知道或应当知道该违法行为之日起 10 日内提起投诉；但是对于开标活动、资格预审文件或招标文件内容以及评标结果有争议的，必须在招标人作出异议答复或者招标人不予答复异议时自答复期满时起 10 日内提起投诉。

（四）因对取消中标资格事项投诉超期不予受理

【案例 30】

招标投标活动投诉不予受理通知书

×× 建设工程有限公司：

我厅于 2019 年 3 月 18 日收到你单位关于 ×× 河航道整治工程 ×× 船闸房建施工项目 ×× 标段招标投标活动的书面投诉。根据有关规定，我厅决定不予受理。

1. 投诉反映的基本事实情况

×× 市航道工程建设指挥部办公室于 2019 年 1 月 21 日发出《关于取消 ×× 船闸房建施工项目中标资格的通知》，决定取消你单位在 ×× 河航道整治工程 ×× 船闸房建施工项目（×× 标段）的中标资格，投标保证金不予退还。根据你单位书面投诉陈述，你单位于 2019 年 1 月 21 日收到 ×× 市航道工程建设指挥部办公室上述通知的书面传真，并于 1 月 22 日书面回复 ×× 市航道工程建设指挥部办公室。

2. 作出不予受理决定的依据

根据《招标投标法实施条例》第六十条“投标人或者其他

利害关系人认为招标投标活动不符合法律、行政法规规定的，可以自知道或者应当知道之日起 10 日内向有关行政监督部门投诉。投诉应当有明确的请求和必要的证明材料。就本条例第二十二条、第四十四条、第五十四条规定事项投诉的，应当先向招标人提出异议，异议答复期间不计算在前款规定的期限内。”以及《工程建设项目招标投标活动投诉处理办法》第九条“投诉人认为招标投标活动不符合法律、行政法规规定的，可以在知道或者应当知道之日起 10 日内提出书面投诉。依照有关行政法规提出异议的，异议答复期间不计算在内。”和第十二条“有下列情形之一的投诉，不予受理：……（四）超过投诉时效的……”规定，你单位提出的投诉事项不属于《招标投标法实施条例》第六十条第二款规定可以提出异议的事项，且你单位向我厅书面投诉时已超过投诉时效，我厅决定对此投诉不予受理。

【评析】

《招标投标法实施条例》第六十条第一款规定了投诉的时间，招标投标当事人之一如果认为招标投标活动违反法律规定，侵害其合法权益的，必须在自知道或应当知道其权益受到侵害之日起的 10 日内进行投诉。超出该期限的，其投诉即为无效的投诉，行政监督部门不予受理。对此，《工程建设项目招标投标活动投诉处理办法》第十二条明确规定：“有下列情形之一的投诉，不予受理：……（四）超过投诉时效的”。因此，在本案例中，投诉事项不属于《招标投标法实施条例》

第六十条第二款规定的在投诉时必须先前置履行异议程序的事项。招标人于1月21日通知取消中标资格，投诉人于3月10日才提出投诉，其投诉已远远超过10天的投诉时效，行政机关决定不予受理具有法定依据。此外，尽管对一些投诉不应受理，但如果根据“投诉”提供的线索发现招标投标活动中确实存在涉嫌违法问题的，行政机关可以主动行使行政监督职能予以查处，而不是按照投诉处理程序予以处理。

【启示】

招标投标活动的当事人认为招标投标活动无论是程序上，还是具体问题的处理上，违反法律规定或招标文件的规定，侵害其合法权益的，即应当在知道或者应当知道该事由之日起10日内进行投诉。对于资格预审文件、招标文件的内容、开标活动及评标结果不服的，应当先行提起异议，只有招标人作出答复但对该答复仍不满意之日起10日内或者招标人未予答复的自答复期满10日内应当提出投诉。

（五）因未提供有效的线索投诉不予受理

【案例31】

投诉调查处理决定

××信息系统有限公司：

2021年5月21日，你公司关于××农村商业银行综合营业办公楼及附属工程项目建筑智能化工程施工项目的投诉件材料已收悉。经审查，你公司投诉该项目第一次招标时的相关问题，因已超过投诉时效，根据《××省公共资源招标投标投诉处理办法》第十六条的规定，本机关决定不予受理，对其中存在的涉嫌违法问题，本机关将另案处理。

针对该项目第二次招标时的相关问题，因你公司未提供充足的佐证资料，根据《××省公共资源招标投标投诉处理办法》第十七条第（二）项“有下列情形之一的投诉，不予受理：……（二）投诉事项不具体且不提供有效线索，难以查证的”规定，决定对该事项的投诉，不予受理。

【评析】

《招标投标法实施条例》第六十条规定投标人或者其他利害关系人认为招标投标活动不符合法律、行政法规规定的，可以自知道或者应当知道之日起 10 日内向有关行政监督部门投诉。投诉应当有明确的请求和必要的证明材料。这样一是方便行政监督部门按图索骥开展调查处理程序，提高行政效率。二是防范投诉人空穴来风，主观臆断、捏造事实恶意投诉。本案例中，投诉人未提供必要的证明材料，根据《工程建设项目招标投标活动投诉处理办法》第十二条“有下列情形之一的投诉，不予受理：……（二）投诉事项不具体，且未提供有效线索，难以查证的……”及《××省公共资源招标投标投诉处理办法》第十七条的规定，行政监督部门不予受理。

【启示】

投标人或者其他利害关系人如果对招标投标活动存在争议，由投诉人承担投诉事项形式上的举证责任，有助于推动投诉人依法诚信投诉，有助于维护市场交易秩序，保障投诉处理效率及招标项目的实施进度，因此投诉必须严格按法定程序并附必要的证明材料。

（六）以其他单位已经受理为由不予受理投诉

【案例 32】

招标投标投诉不予受理决定书

××电子工程设计院有限公司：

你公司所投诉的“××公司云计算（××）基地二期全过程工程咨询服务（第二次）”项目投诉函收悉，经调查了解，你单位提出的投诉事项已经××省工业和信息化厅受理，依据《招标投标法实施条例》第四条、第六十一条和《××省实施〈中华人民共和国招标投标法〉办法》第六十条的相关规定，我委决定不予受理。

【评析】

招标项目可能有两个以上行政机关都有权进行监管，为了确保行政效率，防范行政资源浪费，如果有一方已经受理的，其他机关就可以不予受理。本案例中，××电子工程设计院有限公司同时向××省发展和改革委员会及××省工业和信息化厅进行投诉，××省工业和信息化厅先行受理投诉后，根据《招标投标法实施条例》第六十一条“投诉人就同一事项向两个以上有权受理的行政监督部门投诉的，由最先收到投诉的行政监督部门负责处理”的规定，××省发展和改革委员会决定不予受理该投诉。

【启示】

投诉人对招标事项有异议，可以向有权受理投诉的行政机关提起投诉，有多个行政机关有权受理投诉的，投标人应选择其一进行投诉，同时向多个部门投诉的，由最先受理的部门处理。

（七）因对招标文件内容有异议但未前置履行异议程序不予受理

【案例33】

招标投标投诉事项不予受理决定书

××生态环境科技有限公司：

2021年7月8日，本机关收到你公司提交的关于××高新技术产业开发区管理委员会、××工程造价咨询有限公司的投诉材料。

经查，你公司关于××高新区横沟桥人工湿地和周边绿化建设工程（EPC+O）总承包项目（以下简称本项目）

提出的投诉事项属于对招标文件的投诉，根据《招标投标法实施条例》第六十条第二款的规定“就本条例第二十二条、第四十四条、第五十四条规定事项投诉的，应当先向招标人提出异议，异议答复期间不计算在前款规定的期限内”，投诉人对招标文件进行投诉的，应当根据《招标投标法实施条例》第二十二条的规定，在投标截止时间10日前向招标人、招标代理提出异议。经核实，投诉人并未在规定时间内向招标人、招标代理提出关于投诉事项的异议，不符合《招标投标法实施条例》第六十条对投诉前置条件的规定。

根据《工程建设项目招标投标活动投诉处理办法》第十二条“有下列情形之一的投诉，不予受理：……（四）超过投诉时效的……（六）投诉事项应先提出异议没有提出异议、已进入行政复议或行政诉讼程序的”规定，本机关决定不予受理。

【评析】

《招标投标法实施条例》第六十条规定：“投标人或者其他利害关系人认为招标投标活动不符合法律、行政法规规定的，可以自知道或者应当知道之日起10日内向有关行政监督部门投诉。就本条例第二十二条、第四十四条、第五十四条规定事项投诉的，应当先向招标人提出异议，异议答复期间不计算在前款规定的期限内。”该条例第二十二条、第四十四条、第五十四条分别规定了对资格预审文件和招标文件的异议、对开标的异议和对评标结果的异议，并明确了对这三类事项有争议的，必须先履行异议程序，对于异议答复不服的才可以投诉，明确了异议与投诉程序上的区别与先后。对应先提起异议但未提起异议的事项，应不予受理投诉。本案例中，投诉人提出的投诉事项属于对招标文件的投诉，应当按照《招标投标法实施条例》第二十二条规定先向招标人提出异议，对异议答复不满意再行提起投诉，但投诉人并未在规定时间内向招标人、招标代理机构提出关于投诉事项的异议，故不符合《招标投标法实施条例》第六十条对投诉前置条件的规定，因此行政监督部门不予受理其投诉。

【启示】

潜在投标人对招标文件不满意的，应当先行向招标人提出异议，对异议答复不满意再行提起投诉；如果未在规定期限内提出异议，其投诉可能不被受理。

（八）因对开标有异议但未前置履行异议程序不予受理

【案例 34】

招标投标投诉事项不予受理决定书

××工程建设有限公司：

2021 年 7 月 8 日，本机关收到你公司提交的关于××开发有限公司的投诉材料。

经查，你公司关于××绿化建设工程项目（以下简称本项目）提出的投诉事项属于对开标活动的投诉，根据《招标投标法实施条例》第六十条第二款的规定“就本条例第二十二条、第四十四条、第五十四条规定事项投诉的，应当先向招标人提出异议，异议答复期间不计算在前款规定的期限内”的规定，你公司对招标文件进行投诉的，应当根据《招标投标法实施条例》第四十四条的规定，在开标活动现场当场先向招标人提出异议。经核实，因你公司并未在该时间向招标人提出关于投诉事项的异议，不符合《招标投标法实施条例》第六十条对投诉前置条件的规定。

根据《工程建设项目招标投标活动投诉处理办法》第十二条“有下列情形之一的投诉，不予受理：……（六）投诉事项应先提出异议没有提出异议、已进入行政复议或行政诉讼程序的”规定，本机关决定不予受理你公司的投诉。

【评析】

《招标投标法实施条例》第四十四条第三款规定：“投标人对开标有异议的，应当在开标现场提出，招标人应当当场作出答复，并制作记录。”也就是说，投诉人如果对开标活动有不同意见的，应当在开标现场当场向招标人提出。根据《招标投标法实施条例》第六十条第二款规定，投标人只有履行异议前置程序，先行提出异议，后面才有权提出投诉。未提出异议，向行政监督部门提起投诉的，根据《工程建设项目招标投标活动投诉处理办法》第十二条第（六）项的规定，行政监督部门将以“投诉事项应先提出异议没有提出异议”为由决定不予受理该投诉。

【启示】

投标人对开标活动进行投诉，以在开标现场当场先向招标人提出异议为前提条件。

（九）因对评标结果有异议但未前置履行异议程序不予受理

【案例 35】

招标投标投诉事项不予受理决定书

××阀门有限公司：

2020 年 5 月 28 日，本机关收到你公司于 2020 年 5 月 28 日提交的关于××市域外配水工程蝶阀及其附属设备 03 标的投诉材料，反映中标候选人××流体控制有限公司投标业绩不满足此次招标要求。

经查，该标段于 2020 年 4 月 20 日评标，当天公示中标候选人，公示期为 4 月 20 日至 4 月 22 日。期间，你公司未向招标人提出异议，自你公司知道或应当知道之日起至你公司提出投诉，时间已超出 10 日，不符合《招标投标法实施条例》第六十条对投诉时效和前置条件的规定。

根据《工程建设项目招标投标活动投诉处理办法》第

十二条“有下列情形之一的投诉，不予受理：……（四）超过投诉时效的……（六）投诉事项应先提出异议没有提出异议、已进入行政复议或行政诉讼程序的”规定，本机关决定不予受理。

【评析】

根据《招标投标法实施条例》第六十条第二款规定，对于该条例第五十四条规定事项也就是针对评标结果投诉的，应当先向招标人提出异议，这是提起投诉的先决条件。本案例中，投诉人未向招标人提出对案涉项目评标结果的异议，不符合《招标投标法实施条例》第六十条对投诉前置条件的规定，故行政监督管理部门对该投诉不予受理。

【启示】

之所以规定异议程序前置，是因为可以督促招标人对招标投标活动是否符合法律、法规规定进行检查，对确实存在问题的及时进行自我纠正，同时也可以向异议人进行解释说明，能够及时有效化解双方争议，提高招标投标活动的效率。

投诉人应严格按照法定的前置程序要求向招标人提出异议，对异议处理不服的情况下，可再向行政监督部门进行投诉。

（十）因投诉人不是所投诉招标投标活动的参与者或者与投诉项目无任何利害关系不予受理投诉

【案例 36】

招标投标投诉事项不予受理决定书

××工程有限公司：

2022 年 1 月 9 日，本机关收到你公司提交的关于××市第二人民医院新建工程施工项目 A 标段的投诉材料，反映中标候选人××设备有限公司投标业绩不满足招标文件要求。

经查，该标段于 2021 年 12 月 5 日发布公告，招标文件递交截止时间 2021 年 12 月 27 日下午 14:30，开标时间为 2021 年 12 月 27 日下午 14:30。2021 年 12 月 6 日你公司购买招标文件，但未参加本项目投标。2021 年 12 月 31 日公布中标人后，你公司于 2022 年 1 月 9 日向我局提出投诉。

我局认为，你公司不是本项目投标人也不是“其他利害关系人”，根据《工程建设项目招标投标活动投诉处理办法》第十二条“有下列情形之一的投诉，不予受理：（一）投诉人不是所投诉招标投标活动的参与者，或者与投诉项目无任何利害关系……”的规定，我局决定不予受理你公司关于××设备有限公司投标业绩不满足此次招标要求的投诉。

【评析】

《工程建设项目招标投标活动投诉处理办法》第三条规定："投标人或者其他利害关系人认为招标投标活动不符合法律、法规和规章规定的，有权依法向有关行政监督部门投诉。前款所称其他利害关系人是指投标人以外的，与招标项目或者招标活动有直接和间接利益关系的法人、其他组织和自然人。"本案例中，×× 工程有限公司虽然购买招标文件，但没有投标，待本项目公示中标人，又对中标候选人 ×× 设备有限公司资格提起投诉，因不属于本项目"投标人或者其他利害关系人"，不是所投诉招标投标活动的参与者，或者与投诉项目无任何利害关系，故根据《工程建设项目招标投标活动投诉处理办法》第十二条第一项的规定，其投诉不予受理。

【启示】

与招标项目没有利害关系，不是本项目招标投标活动的参与者，或者与本项目无任何利害关系，没有资格投诉，但是认为招标投标活动违反法律规定的，可以向有关机关检举。

（十一）因已经作出处理决定但重复投诉不予受理

【案例 37】

招标投标投诉事项不予受理决定书

×× 建设集团有限公司：

你公司于 2021 年 7 月 8 日提交的关于 ×× 市政道路工

程施工 A9 标段（以下简称“本项目”）中标候选人 ×× 工程公司与 ×× 建筑公司串通投标的投诉书收悉。

经核实，本项目于 2021 年 4 月 30 日公示中标候选人名单，你公司当天就向招标人 ×× 县住建局提出异议，该局作出答复后，你公司不服，于 2021 年 5 月 12 日向我局提起投诉，投诉事项是本项目 ×× 工程公司与 ×× 建筑公司串通投标，请求查明情况，取消两家公司中标候选人资格。我局查明，你公司投诉事项缺乏事实根据，故依据《工程建设项目招标投标活动投诉处理办法》第二十条规定，依法作出驳回投诉的处理决定，你公司已经签收。现你公司再次就上述事项投诉，也未提出新的证据，根据《工程建设项目招标投标活动投诉处理办法》第十二条“有下列情形之一的投诉，不予受理：……（五）已经作出处理决定，并且投诉人没有提出新的证据”的规定，我局决定不予受理你公司的投诉。

【评析】

为了提高行政效率，《工程建设项目招标投标活动投诉处理办法》也借鉴民事诉讼程序采取了“一事不再理”制度，也就是说，招标投标当事人在招标投标活动中提起投诉，不论是行政监督部门不予受理还是驳回投诉或者部分支持其投诉主张，在没有新的证据的情况下，都不能重复就相同事项再次提起投诉。在本案例中，×× 建设集团有限公司已经提出投诉，对投诉处理决定不服再次提起投诉，且无新的证据，故 ×× 市住建局根据《工程建设项目招标投标活动投诉处理办法》第十二条“有下列情形之一的投诉，不予受理：……（五）已经作出处理决定，并且投诉人没有提出新的证据”的规定决定不予受理该投诉。

【启示】

招标投标活动当事人提起投诉后，如果对行政监督部门作出的投诉处理决定不服，可以提起行政复议或者行政诉讼，但不能就相同事项重复提起投诉。

（十二）因投诉事项不在招标投标投诉事项范围内而不予受理

【案例 38】

招标投标投诉事项不予受理决定书

×× 物资有限公司：

2023 年 1 月 5 日，本机关收到你公司提交的关于 ×× 河沿河重点截流设施提升改造工程钢材采购项目的投诉书。投诉事项是 ×× 市城市建设投资控股（集团）有限责任公司不依法履行采购合同，请求责令该公司依法履行采购合同，赔偿其遭受的经济损失，依法对该公司相关当事人进行处分。

经调查查明，你公司于 2022 年 6 月 28 日参加 ×× 河沿河重点截流设施提升改造工程钢材采购项目的招标投标活动，并取得中标资格。2022 年 7 月 4 日取得本项目《中标通知书》，2022 年 7 月 11 日与 ×× 城市建设投资控股（集团）有限责任公司签订了采购合同。2022 年 7 月 14 日你公司将货物送至 ×× 城市建设投资控股（集团）有限责任公司指定地点。同日 ×× 城市建设投资控股（集团）有限责任公司向你公司出具一份书面拒绝收货的材料，该材料记载：经专家验收，质量不合格，故拒绝收货。

本机关认为，《招标投标法》第六十五条规定："投标人和其他利害关系人认为招标投标活动不符合本法有关规定的，有权向招标人提出异议或者依法向有关行政监督部门投诉。"《工程建设项目招标投标活动投诉处理办法》第二条规定："本办法适用于工程建设项目招标投标活动的投诉及其处理活动。前款所称招标投标活动，包括招标、投标、开标、评标、中标以及签订合同等各阶段"。该办法第三条第一款规定："投标人或者其他利害关系人认为招标投标活动不符合法律、法规和规章规定的，有权依法向有关行政监督部门投诉"，你公司投诉事项属于合同履行过程中的争议事项，不属于"投诉"范围。因此，依据《工程建设项目招标投标活动投诉处理办法》第十一条"行政监督部门收到投诉书后，应当在 3 个工作日内进行审查，视情况分别作出以下处理决定：（一）不符合投诉处理条件的，决定不予受理，并将不予受理的理由书面告知投诉人"的规定，本机关决定不予受理。

【评析】

《招标投标法》第六十五条规定："投标人和其他利害关系人认为招标投标活动不符合本法有关规定的，有权向招标人提出异议或者依法向有关行政监督部门投诉。"《工程建设项目招标投标活动投诉处理办法》第二条将"招标投标活动"界定为"包括招标、投标、开标、评标、中标以及签订合同等各阶段"。该办法第三条第一款进一步规定："投标人或者其他利害关系人认为招标投标活动不符合法律、法规和规章规定的，有权依法向有关行政监督部门投诉。"也就是说，对于从招标到签订合同的招标投标各个阶段提出的投诉，都可以向行政监督部门提起投诉，超出此范围投标人及利害关系人即不能依据《招标投标法》提起投诉，对该类"投诉"行政监督部门也就无权受理。正如本案例，投诉人因被投诉人拒绝接收货物、履行合同提起投诉，该投诉事项实质上是合同订立之后在履约阶段产生的争议，不属于关于招标投标活动的争议，因此行政监督部门以投诉人投诉主张不属于可以提起投诉事项的范围为由，决定对此投诉不予受理。

【启示】

在合同履行过程中，一方当事人未按合同约定履行合同，构成违约行为的，双方可以协商解决，对方当事人也可以按照合同约定向仲裁机构申请仲裁，或者向人民法院提起诉讼解决合同纠纷，但不能就此事项提起投诉。

上面的案例是实践中我们常见的不予受理投诉的情形。

对于需要投标的供应商来讲，如果要投诉，必须规避前面所讲的这些情形，否则该投诉无效，招标投标监督部门不予受理。

第七节　投诉处理法定时限

处理投诉是行政机关履行行政监督职责的主要方式，是一种具体的行政行为，行政行为要遵循严格的程序规定，这是依法行政的应有之义，其中一个具体要求就是行政机关必须在法律限定的时间内及时处理投诉，而不能懒政惰政、拖延不办，行政不作为。《招标投标法实施条例》第六十一条第二款规定了投诉处理法定时限，即“行政监督部门应当自收到投诉之日起 3 个工作日内决定是否受理投诉，受理投诉之日起 30 个工作日内作出书面处理决定；需要检验、检测、鉴定、专家评审的，所需时间不计算在内”。

行政监督部门从收到投诉到决定是否受理有一个审查并作出决定的时限，但对符合投诉受理条件并决定受理的，收到投诉书之日即为受理之日，从此日起计算投诉处理时限，即行政监督部门应当自受理投诉之日起 30 个工作日内作出书面处理决定。

需要注意的有以下几点：

（1）本条并没有规定可以延长投诉处理时间，30 个工作日是法定的确定的时间。

（2）由于投诉案件调查处理过程中可能需要进行必要的检验、检测、鉴定、专家评审，不进行检验、检测、鉴定、专家评审就无法查清投诉事项，正确作出投诉处理决定，而该类工作需要委托有专业资格或者技能的单位完成，其所需时间有长有短，并非行政监督部门所能控制，因此对这些程序所需时间不应计算在投诉处理期限内。

（3）处理投诉的时间是30个工作日，而不是自然日，这个日期是刨除节假日、休息日的。

【案例39】

某建设公司向省招标投标办三次提交投诉，请求立即停止招标投标行为，对违法行为予以查处。省招标投标办未予处理，某建设公司提起行政诉讼。

法院认为，本案中，某建设公司三次向省招标投标办提交了投诉书，省招标投标办收到某建设公司提交的投诉材料后未在法定期限内作出相应的处理，其行为不符合《招标投标法实施条例》第六十一条第二款的规定，属于不履行法定职责的行为。

在这个案例中，招标投标行政监督部门收到投诉材料后未在法定期限内作出相应的处理，法院判决其行为行政程序违法。

第八节　投诉处理行政程序

行政监督部门受理投诉后，应当调取、查阅有关文件，调查、核实有关情况，最终依据调查取证情况作出投诉处理决定。投诉处理程序是一种行政程序，有着严格的程序性规定。未严格履行该程序处理投诉的，也属于违法行政。

对于招标投标投诉处理程序，《招标投标法实施条例》第六十二条规定："行政监督部门处理投诉，有权查阅、复制有关文件、资料，调查有关情况，相关单位和人员应当予以配合。必要时，行政监督部门可以责令暂停招标投标活动。行政监督部门的工作人员对监督检查过程中知悉的国家秘密、商业秘密，应当依法予以保密。"

《工程建设项目招标投标活动投诉处理办法》对于工程项目招标投诉的处理程序作出了具体的规定：

第十四条：行政监督部门受理投诉后，应当调取、查阅有关文件，调查、核实有关情况。对情况复杂、涉及面广的重大投诉事项，有权受理投诉的行政监督部门可以会同其他有关的行政监督部门进行联合调查，共同研究后由受理部门作出处理决定。

第十五条：行政监督部门调查取证时，应当由两名以上行政执法人员进行，并做笔录，交被调查人签字确认。

第十六条：在投诉处理过程中，行政监督部门应当听取被投诉人的陈述和申辩，必要时可通知投诉人和被投诉人进行质证。

第十七条：行政监督部门负责处理投诉的人员应当严格遵守保密规定，对于在投诉处理过程中所接触到的国家秘密、商业秘密应当予以保密，也不得将投诉事项透露给与投诉无关的其他单位和个人。

第十八条：行政监督部门处理投诉，有权查阅、复制有关文件、资料，调查有关情况，相关单位和人员应当予以配合。必要时，行政监督部门可以责令暂停招标投标活动。对行政监督部门依法进行的调查，投诉人、被投诉人以及评标委员会成员等与投诉事项有关的当事人应当予以配合，如实提供有关资料及情况，不得拒绝、隐匿或者伪报。

上述规定的主要意思是行政监督部门处理投诉应当履行法定程序。不履行上面这些程序要求的，处理投诉的行政行为无效。

【案例40】

某开发建设有限公司对7号排涝工程施工项目进行招标，评标结束发布了《中标候选人公示》，A建筑公司及B工程公司分别排列为第一、第二中标候选人。公示期间，B工程公司提起投诉。市水利局作出了《投诉处理决定》。B工程公司不服诉至法院，请求撤销《投诉处理决定》。

法院认为，市水利局对 B 工程公司的投诉予以受理，但在进行调查取证时，所制作的询问笔录未载明执法人员的执法资格，也未告知被询问人相关权利，其后作出《投诉处理决定》，不符合《工程建设项目招标投标活动投诉处理办法》第十五条"行政监督部门调查取证时，应当由两名以上行政执法人员进行，并做笔录，交被调查人签字确认"及第二十一条"应自受理投诉之日起 30 个工作日内作出处理决定"的规定，违反了法定程序。B 工程公司关于市水利局作出本案投诉处理决定程序违法的理由，本院予以采纳。

行政监督部门处理投诉过程中还应注意以下几点：

（1）应当严格遵守保密规定。作出这样规定的考虑是，在投诉调查处理过程中，为了查明事实，可能接触国家秘密以及招标人和投标人的商业秘密，为了维护国家安全，保护行政相对人的合法权益，有必要强调行政监督人员的保密义务。

（2）行政机关工作人员处理投诉，符合回避情形的，应当回避。《工程建设项目招标投标活动投诉处理办法》第十三条规定："行政监督部门负责投诉处理的工作人员，有下列情形之一的，应当主动回避：（一）近亲属是被投诉人、投诉人，或者是被投诉人、投诉人的主要负责人。（二）在近三年内本人曾经在被投诉人单位担任高级管理职务。（三）与被投诉人、投诉人有其他利害关系，可能影响对投诉事项公正处理的。”

根据上述规定，调查取证以及听取被投诉人的陈述和申辩是行政监督管理部门处理投诉必经的程序，有利于查清事实，保护被投诉人自我辩护的权利。如果没有履行这两项程序，作出投诉处理决定的行政行为程序不合法，其结果也会被否定。

【案例 41】

某城建集团参加了某项目的招标，招标人发布拟中标信息后，某城建集团对业主专家评审情况及中标结果提出质疑，递交了投诉函。某市建设局作出了《投诉处理决定书》。某城建集团不服该处理决定，向法院提起行政诉讼。

法院认为，市建设局作出《投诉处理决定书》的过程中，仅依照招标人提出的《关于就 ×× 工程施工项目招标事宜处理建议的函》作为依据，并未对招标人的两位专家评审打分部分，即某城建集团投诉的业主专家打分明显高于其他专家打分，对中标结果是否产生实质影响的事实进行核实，且作出的处理决定查明的事实与其在形成会议纪要时确认的事实明显相悖。故作出的《投诉处理决定书》属于认定事实不清，主要证据不足，适用法律错误，依法应当予以撤销。

在这个案例中，由于行政监督部门未对投诉事项进行调查核实，未履行必要的调查取证程序，法院就判决作出的投诉处理决定的行政行为违法，最终判决行政监督部门撤销该投诉处理决定。

【案例42】

某小区电梯设备供货及安装进行公开招标，B公司以第一中标候选人A公司没有服务网点，所提供的房屋租赁合同主体是C电梯有限公司为由提出异议。招标人答复B公司应为第一中标候选人。A公司就招标人答复函，向招标人提出异议，招标人再次作出答复函，认定B公司为第一中标候选人。A公司提出投诉，市住建局要求评标委员会复评。住建局在未对评标委员会与事实不符的复评结果进行复核及调查取证的情况下，作出《招标投标投诉处理决定书》，维持评标委员会的结果。原告不服，遂起诉到法院。

法院认为，从某区住建局所作的《招标投标投诉处理决定书》内容看，某区住建局针对投诉人A公司提出的投诉，只对评标委员会的复评结果进行了审查，而未体现其依据《工程建设项目招标投标活动投诉处理办法》第十四条的规定对招标人的答复书和函进行过调查、核实有关情况的工作。从行政管理应当遵从公平、公正的原则出发考虑，在投标人对中标结果存在较大争议的情况下，应当对中标结果进行全面、客观的审查再行作出行政决定。故认定该行政行为未尽调查之责，违反法定程序。在此基础上作出的投诉处理决定予以撤销，重新作出投诉处理决定。

这个案例也是因为行政监督部门未履行调查取证的程序，被法院否定了其投诉处理决定，并责令行政监督部门重新作出投诉处理决定。这也再次警示我们，处理投诉的行政程序规定属于《中华人民共和国行政程序法》（以下简称《行政程序法》），行政程序合规是行政行为的基本要求，只有经过周密的调查取证，行政监督部门才能查清事实，依法作出正确的投诉处理决定。如果程序上违规，作出的投诉处理决定也就无效。

调查取证和听取被投诉人的陈述和申辩是处理投诉的必经程序，缺一不可。但是也要注意到，暂停招标投标活动以及通知投诉人和被投诉人进行质证两项措施不是必须要采取的程序。

（1）给予行政监督部门可以视情况责令暂停招标投标活动的权力。

该规定的考虑是，招标投标活动具有很强的时效性、程序性和不可逆转性。为了保护投诉人及与投诉有关的当事人的合法权益，防止违法违规行为的影响进一步扩大，或者造成无法挽回的后果，有必要赋予行政监督部门责令暂停招标投标活动的权力。招标投标活动的暂停影响到投标有效期或者签订合同的期限的，招标人应当顺延投标有效期或者签订合同的期限。

（2）组织投诉人与被投诉人双方当事人进行质证不是行政监督部门处理投诉的必经法定程序。

质证，就是对质证明，在行政程序中，就是在行政机关的主持下，对行政相对人及利益相关人提出的证据就其真实性、合法性、关联性以及证明力予以说明和质疑、辩解，从而正确认定事实。通过质证程序使行政机关在处理投诉时能够更加公开、正确地认定证据，保障当事人的程序权利。

招标投标活动投诉行政处理程序也引进了质证程序，《工程建设项目招标投标活动投诉处理办法》第十六条规定："在投诉处理过程中，行政监督部门应当听取被投诉人的陈述和申辩，必要时可通知投诉人和被投诉人进行质证。"根据该条规定，质证不是法律规定必须履行的行政程序，是否进行质证，由行政机关根据其调查实际需要而定，如果投诉事实清楚、证据确凿，认为没必要时，可以不进行质证，并不违反法律规定。

【案例 43】

某工程招标，A 公司被评定为第一中标候选人，B 公司向某市住建局投诉，认为 A 公司存在串通投标行为，不具备投标资格。住建局作出投诉处理决定，驳回 B 公司的投诉。B 公司不服，诉至法院。

就某住建局处理投诉是否应当组织质证，不组织质证其行政行为是否合法的争议焦点，法院认为，《工程建设项目招标投标活动投诉处理办法》第十六条规定，在投诉处理过程中，行政监督部门应当听取被投诉人的陈述和申辩，必要时可通知投诉人和被投诉人进行质证。根据上述法律规定，组织双方进行质证不是必经法定程序，B认为某住建局未保障其质证的权利，认为某住建局作出投诉处理决定程序违法的主张，本院也不予支持。

上述案例中，投诉人认为未经质证作出的投诉处理决定违法不符合上述法律规定，缺乏法律依据。

（3）听证也不是行政监督部门处理投诉的必经法定程序。

听证也称为听取意见，指的是行政机关在作出影响相对人合法权益的决定前，由行政机关告知决定理由和听证权利，行政相对人表达意见、提供证据以及行政机关听取意见、接纳证据的程序所形成的一种法律制度，是行政程序法的核心制度。

听证制度，充分体现了让行政相对人充分参与行政行为的法治精神，尊重公民知情权、参与权、表达权、监督权，使其有机会陈述事实、理由和自己的主张，给予其与其他利益相关方辩解、质证，表达观点，向行政机关提出意见建议的机会，帮助行政机关弄清事实，发现真相，正确作出行政行为。

我国目前主要建立了行政处罚听证、行政许可听证、行政强制听证、价格决策听证等听证制度，取得良好的社会效果。在投诉处理活动中，可酌情采用听证程序，但也不是必经程序。

【案例 44】

某花园工程项目招标，A公司被确定为第一中标候选人，B公司提出异议，招标人作出答复。B公司仍不服进行投诉。区住建局作出投诉处理决定书，认定该评标无效，招标人应当依法重新评标或者重新招标。B公司不服，遂提起行政诉讼。

就B公司提出的区住建局处理投诉是否应当组织听证程序的争议焦点，法院认为，区住建局接到B公司的投诉后，依法履行了受理、调查、听取陈述和申辩、邀请专家评审、集体评议等程序，作出被诉的投诉处理决定书，符合《工程建设项目招标投标活动投诉处理办法》规定的程序要求。B公司认为程序违法的主要理由是认为未依法询问C公司，剥夺了其陈述辩论权利，且未举行听证。经审查，《工程建设项目招标投标活动投诉处理办法》并未规定听证是必经程序，区住建局已经向C公司、A公司及其他涉案的当事人进行了调查询问，制作了询问笔录，C公司提交了情况说明，故区住建局已经充分保障相关当事人的陈述申辩权利。B公司认为程序违法的理由缺乏事实和法律依据，本院不予采纳。

纵观《招标投标法》《招标投标法实施条例》《工程建设项目招标投标活动投诉处理办法》等招标投标法律规范，都未规定行政监督部门处理投诉必须要履行听证程序。当然，行政机关对违法招标投标行为作出较大数额罚款，没收较大数额违法所得、没收较大价值非法财物，降低资质等级、吊销许可证件，责令停产停业、责令关闭、限制从业等行政处罚决定时，应按照《中华人民共和国行政处罚法》（以下简称《行政处罚法》）第六十三条的规定组织听证。

第九节　投诉的撤回

投诉是投标人或其他利害关系人的权利，权利可以放弃，可以不投诉；在投诉之后也可以主动提出撤回投诉请求，行政监督部门原则上应当允许。

《工程建设项目招标投标活动投诉处理办法》第十九条规定："投诉处理决定作出前，投诉人要求撤回投诉的，应当以书面形式提出并说明理由，由行政监督部门视以下情况，决定是否准予撤回：（一）已经查实有明显违法行为的，应当不准撤回，并继续调查直至作出处理决定。（二）撤回投诉不损害国家利益、社会公共利益或者其他当事人合法权益的，应当准予撤回，投诉处理过程终止。投诉人不得以同一事实和理由再提出投诉。"

通过上述规定可以看出：

（1）在作出投诉处理决定之前，投诉人都可以提出撤回投诉的申请。

（2）申请撤回投诉应当以书面形式提出，签字盖章要求等同于提交投诉书的要求。

（3）只要投诉人申请撤回投诉，一般行政机关都应当允许，但已经查实有明显违法行为的，应当不准撤回，并继续调查直至作出处理决定。

（4）在同意撤回投诉后，也可以继续进行调查，发现违法行为的，可以行使行政监督权纠正该违法行为或作出行政处罚。

（5）投诉人撤回投诉的，不得以同一事实和理由再次进行投诉。这一点与《民事诉讼法》规定的原告撤回起诉后在诉讼时效期间内可再次起诉的规定不同，是为了保障行政效率和资源有效利用。

（6）行政机关经审查同意撤回投诉申请的，应作出终止投诉处理的行政决定。

【案例 45】

×× 区住建局终止投诉处理决定书

2020 年 4 月 30 日，×× 工程有限公司发布 ×× 物流实训设备采购项目的招标公告。2020 年 5 月 13 日，投诉人 ×× 设备有限公司向 ×× 工程有限公司提出异议，×× 工程有限公司于 2020 年 5 月 21 日对异议作出答复，×× 设备有限公司对答复不满意，经对投诉书补正后于2020年6月8日投诉至本局。投诉处理期间，2020年6月15日，投诉人撤回投诉。

根据《工程建设项目招标投标活动投诉处理办法》第十九条的规定，本局决定终止投诉处理。

第十节 禁止虚假、恶意投诉

招标投标活动要遵循诚实信用原则，包括处理投诉这一环节。这就要求，投诉人应当依法行使其投诉权，不得以投诉为名不当排挤竞争对手，不得进行虚假、恶意投诉，不得捏造事实、伪造材料或者以非法手段（如以行贿手段收买招标代理工作人员、评标专家，偷拍、偷录投标文件等）通过非正当途径取得证明材料进行投诉。如果投诉人捏造事实、伪造材料或者以非法手段取得证明材料进行投诉的，行政监督部门应驳回投诉，如给他人造成损失的，还应依法承担赔偿责任，以维护正常的招标投标秩序，净化市场竞争环境。

对此，《招标投标法实施条例》第七十七条第一款规定："投标人或者其他利害关系人捏造事实、伪造材料或者以非法手段取得证明材料进行投诉，给他人造成损失的，依法承担赔偿责任。"

《工程建设项目招标投标活动投诉处理办法》第二十条规定："行政监督部门应当根据调查和取证情况，对投诉事项进行审查，按照下列规定作出处理决定：（一）投诉缺乏事实根据或者法律依据的，或者投诉人捏造事实、伪造材料或者以非法手段取得证明材料进行投诉的，驳回投诉……"该办法第二十六条也规定："投诉人故意捏造事实、伪造证明材料或者以非法手段取得证明材料进行投诉，给他人造成损失的，依法承担赔偿责任。"

这些法律条款是关于以虚假材料违法投诉的法律后果、法律责任作出的专门规定。实践中，具体情形有以下几种：

（1）捏造事实。投诉人捏造他人违反有关招标投标法律法规的情形，即以根本不存在的、可能引起有关行政监督部门作出不利于被投诉人处理决定的行为。

（2）伪造材料。通过虚构、编造事实上不存在的文件的行为。

（3）以非法手段取得证明材料进行投诉的行为，比如通过窃取、行贿等手段获得他人投标文件，以不正当手段获得尚未公开不应知道的信息。投诉人利用非法手段获取应当保密的信息和资料，包括招标人、招标代理机构或者评标委员会成员故意和"非故意的透露"。"非故意的透露"，表现为招标人、招标代理机构或者评标委员会对应当保密的有关资料保存不善，而投诉人明知有关信息属于依法应当保密的信息，依然进行了必要的浏览、抄录或者复制。

只要有上述违法的行为，不论其投诉的事项是否属实，行政监督部门都首先应当驳回投诉人的投诉，充分表明对违法投诉行为的不支持态度。当然，如果以非法手段取得的证明材料能够证明招标投标活动确实存在违法行为的，行政监督部门可以作为线索对该违法行为进行行政监督，但该监督行为不属于对投诉的处理行为。

【案例46】

某工程施工项目进行公开招标。公示中标候选人期间，T公司提出异议未获满意答复后，提起投诉。住建部门要求该公司就证据材料来源问题进行说明。T公司答复："2016年4月13日下午2点，我方人员按约前往代理机构提交异议函，到达代理机构后联系××老师，但他因临时有急事外出且下午无法赶回办公室，遂在电话沟通中应××老师意见，将异议函放置在他办公桌上，在这一过程中，我方人员无意看到桌上中标候选人单位的标书，出于好奇看到了合同内容。"

住建部门认为，T公司获得中标候选人投标文件的方式是在代理机构工作人员不在办公室时，对其办公桌上的投标文件进行偷拍取得的，T公司投诉使用的证明材料为偷拍所得。除开标和中标时公开的内容外，中标候选人投标文件中的其他内容并未对外公开。由于T公司是在代理机构办公室这一私密空间获取的相关材料，且未获得中标候选人的许可，其行为构成"以非法手段取得证明材料进行投诉"的情形。因此，决定驳回投诉。

从这个案例来看，投诉应依法进行。投诉人用通过偷拍、偷录、窃听等违反法律禁止性规定或者侵犯他人合法权益的方法取得的材料进行投诉，严重破坏招标投标秩序，属于“以非法手段取得证明材料进行投诉”的情形，应当驳回投诉。

另外，投诉人有上述恶意、虚假投诉行为，给招标人、其他投标人等造成损失的，依法应承担赔偿责任，这属于一种侵权行为，自应承担侵权责任，责任表现形式主要是赔偿损失，这里的“损失”是指因恶意、虚假投诉导致招标活动停滞，招标项目工期延误所造成的损失，以及招标人和投标人为配合行政监督部门处理投诉而支出的相关费用等损失。如果歪曲事实损害招标人或其他投标人的名誉的，也要承担消除影响、赔礼道歉等责任。

第十一节　投诉处理决定

行政机关经过调查取证，应依法作出投诉处理决定。《工程建设项目招标投标活动投诉处理办法》第二十条规定：“行政监督部门应当根据调查和取证情况，对投诉事项进行审查，按照下列规定作出处理决定：（一）投诉缺乏事实根据或者法律依据的，或者投诉人捏造事实、伪造材料或者以非法手段取得证明材料进行投诉的，驳回投诉。（二）投诉情况属实，招标投标活动确实存在违法行为的，依据《招标投标法》《招标投标法实施条例》及其他有关法规、规章作出处罚。”

对于撤回投诉、违法投诉的处理结果前面已经讲过了。对于投诉不属实，行政监督部门应当作出驳回投诉的行政处理决定；如果投诉属实，认定具有法律依据或事实依据，则证明招标投标活动确实存在不符合法律、行政法规规定的行为，那么行政监督部门应当首先认定投诉属实，并依据法律法规的规定，结合不同投诉事项以及招标投标活动当前所处的阶段和环节，依法作出招标无效、投标无效、评标结果无效、中标无效、修改资格预审文件或者招标文件、重新招标、重新评标、重新确定中标人等处理决定。

下面从投诉不成立与投诉成立两类涉及的投诉处理决定书进行分析，了解常见的投诉处理决定意见、理由，这与投诉事项及请求相关。

一、投诉不成立，驳回投诉

【案例 47】

招标投标投诉处理决定书

在 ×× 银行办公大楼装修工程招标过程中，投诉人投诉称：中标候选人××装饰工程管理有限公司未提供“综合单价分析表”，投标文件的重要组成部分缺失，要求取消该公司中标候选人资格，重新评审。

经查明：

（1）本项目招标文件前附表“3.5 实质性响应招标文件及评审打分资料”中未涉及有关“综合单价分析表”的内容；“10.1 否决投标的情形”条款中未设置“未提供综合单价分析表，其投标文件将被否决”的规定。

（2）招标文件“投标人须知前附表”中“三、纸质投标文件说明”中规定：“（二）因系统原因所有投标人上传的电子投标文件均无法解密时方采用纸质投标文件开标”。

（3）中标候选人在电子投标文件商务标部分已标价工程量清单中提供了“综合单价分析表”。

本机关认为，经调查，中标候选人电子投标文件中提供了“综合单价分析表”，投诉人反映的中标候选人电子投标文件未提供“综合单价分析表”与事实不符。该项目按照招标文件的约定完成对电子投标文件开标，未启用纸质投标文件，评标专家依据电子投标文件作出评审意见，纸质投标文件不是专家评标的依据，是否提供“综合单价分析表”并不影响评审结果。处理意见：投诉缺乏事实根据和法律依据，驳回投诉。

在该案例中，投诉人反映中标候选人投标文件内容不全的事实不存在，故被驳回投诉。

【案例48】

招标投标投诉处理决定书

××水电设备安装有限公司和××装饰工程有限公司在参加某礼堂翻新改造工程施工专业承包项目投标后，分别提出投诉，反映不具备公告资质要求的投标单位不能参加投标，请求重新组织评标。

经调查查明：该项目评标，先计算各投标人的得分（报价得分与综合诚信得分之和）并排序；在位于[招标控制价×80%，招标控制价]区间的投标价中，去掉最高价和最低价后，剩余报价的算术平均值下浮3%确定评标参考价；评标委员会按从高到低的排序分批（每批5名）对投标人进行资格审查；对资格审查不合格的单位的经济标不予评审，同时对资格审查合格的投标人按从高到低排序对其经济标文件进行有效性审查，评选推荐出三名中标候选人。

综上所述，市建委认为，否定该项目招标结果没有法律依据，决定驳回投诉人的诉求。

本案例中，投诉人在投诉事项中所述情形不符合可以否决投标的情形，故其投诉最终被驳回。

【案例 49】

招标投标投诉处理决定书

××窗饰有限公司投诉称：本项目中标候选人 A 公司被某区市场监督管理局列入经营异常名录且未被解除，多次被行政处罚，不符合招标文件资格条件要求，要求本项目重新招标。

某省发展改革委查明：

（1）对列入经营异常名录的投标人，招标文件未作出限制或禁止性规定。

（2）国家企业信用信息公示系统显示，被投诉人于 2020 年 3 月 30 日因"通过登记的住所或者经营场所无法联系"被××市××区市场监督管理局列入经营异常名录，2020 年 4 月 13 日因"提出通过登记的住所或者经营场所可以重新取得联系"被移出经营异常名录。被投诉人在投标文件递交截止时间时，并未列入经营异常名录。

（3）国家企业信用信息公示系统显示，被投诉人于 2019 年 1 月 25 日因"其他广告违法行为"被××区市场监督管理局实施行政处罚，但无被列入严重违法失信企业名单（黑名单）信息。

本机关认为，被市场监督管理部门列入经营异常名录、行政处罚的情形并未违反本项目招标文件的禁止性要求。同时，反映被投诉人提供虚假资格业绩的证据不足。投诉缺乏事实根据和法律依据。处理决定：驳回投诉。

在这个案例中，尽管中标候选人被列入经营异常名录，也因“其他广告违法行为”被实施行政处罚，但是并没有被列入严重违法失信企业名单（黑名单），故不在招标文件规定的禁止投标之列。

【案例50】

招标投标投诉处理决定书

投诉人投诉事项及主张：本项目中标候选人A防火门有限公司投标时提供的“SA”牌办公室功能锁、教室功能锁、无障碍卫生间及母婴寝室锁三种机械锁只有一种强制产品认证，不符合国家强制性产品认证要求。要求取消其中标候选人资格，重新组织招标。

省发展改革委查明：

（1）招标文件在“第一章 招标公告”明确约定了投标人资格条件为“2.投标产品（防火门和防火卷帘）需具有中国国家强制性产品认证证书”。招标文件对其他配套五金产品未作强制性产品认证资格要求、实质性响应资料要求或否决性技术要求。

（2）根据应急管理部消防产品合格评定中心2019年7月30日印发的《关于对十三类消防产品开展自愿性认证工作的

通知（应急消评〔2019〕21号）》规定，2019年7月30日起，防火锁为自愿性认证消防产品，不再实行强制性产品认证，对于持有原强制性产品认证有效证书的企业，应急管理部消防产品合格评定中心直接为其颁发自愿性认证证书。

（3）被投诉人本次投标门锁品牌为“SA”牌，其在投标文件中提供了该品牌U（主型）型防火锁中国国家强制性产品认证证书。

本机关认为，防火锁为自愿性认证消防产品，本项目招标文件也未对其作出强制性产品认证的资格要求、实质性响应资料要求或否决性技术要求，投诉事项缺乏事实根据。处理决定：驳回投诉。

本案例中，因投诉人所提的资质事项已经被国家明令取消，不能再设置为作为投标人的资格条件，故投诉人的投诉事项和主张缺乏法律依据，其投诉不应得到支持。因投诉人投诉事项不属实、缺乏事实依据，或者投诉事项属实但该事实不能支持投诉人所提出的主张或请求，其投诉请求缺乏事实依据和法律依据，故行政监督部门依据《工程建设项目招标投标活动投诉处理办法》第二十条“行政监督部门应当根据调查和取证情况，对投诉事项进行审查，按照下列规定作出处理决定：（一）投诉缺乏事实根据或者法律依据的，或者投诉人捏造事实、伪造材料或者以非法手段取得证明材料进行投诉的，驳回投诉”的规定，驳回投诉人的投诉。

二、投诉情况属实，根据违法行为不同依法作出投诉处理决定

【案例 51】

招标投标投诉处理决定书

就 ×× 中心建设工程监理服务项目，×× 工程项目管理有限公司提起投诉，投诉事项：×× 建设监理咨询有限责任公司工程业绩和总监理工程师业绩涉嫌弄虚作假。

×× 市住建局查明：被投诉人 ×× 建设监理咨询有限责任公司在本项目投标文件中提供的公司类似工程业绩证明材料与事实不符，该项目到现在都没有竣工，也没有投入使用，建设单位并没有在该项目《监理业务手册》上盖过章。因此，被投诉人存在提供虚假业绩证明文件，弄虚作假骗取中标的投标行为。处理决定：依据《招标投标法》第三十三条、《招标投标法实施条例》第四十二条的规定，认定 ×× 建设监理咨询有限责任公司弄虚作假骗取中标的事实成立，在 ×× 中心建设工程监理服务项目招标投标活动中的中标无效。

在本案例中，被投诉人提供虚假的业绩材料骗取中标，故应当依法认定其中标无效。

【案例 52】

招标投标投诉处理决定书

×× 市交通运输局（招标人）投诉事项及主张：×× 省道改建工程机电工程第 JD01 标段评标委员会存在评标错误，根据评标委员会出具的评标报告，本项目投标人 ×× 交通工程有限公司的其他评审得分为 1 分。按照招标文件评标办法，×× 交通工程有限公司的其他评审得分应为 1.5 分，评标委员会的打分不符合事实，影响本项目评审结果，要求评标委员会复评。

被投诉人（评标委员会）申辩：在评审过程中，遗漏了 ×× 交通工程有限公司提供的信用评价结果使用承诺书，导致该单位信用等级分“0.5 分”未加，存在评标错误。

某省发展改革委查实上述情况，作出如下处理意见：评标委员会违反《招标投标法实施条例》第四十九条规定的“按照招标文件规定的评标标准和方法，客观、公正地对投标文件提出评审意见”，依据《招标投标法实施条例》第七十一条第三项的规定，责令评标委员会改正。

在这个案例中，招标人作为利害关系人发现评标错误影响中标结果而提起投诉；行政监督部门认为投诉成立，决定责令评标委员会改正，也就是重新评审，纠正错误的评标行为，重新作出正确的评审结论。当然，类似招标人发现评标

错误，是直接要求评标委员会重新评审，还是通过投诉评标委员会的渠道进行纠正，法律规定不是很明确。笔者建议，招标人发现评标错误的，可直接要求评标委员会重新评审，评审委员会不予纠正的，招标人可以进行投诉，比较符合效率原则。

【案例53】

招标投标投诉处理决定书

××工程有限公司投诉事项及主张：投诉人因其投标文件未提供无犯罪记录而被否决，其他投标人也存在类似问题。要求评标委员会一视同仁，重新组织专家审查所有投标单位的资格条件。

省发展改革委查明：

（1）招标文件第3页“第一章 招标公告”中资格条件“1.投标人自2014年9月1日起至投标截止日止无行贿犯罪记录”。

（2）招标文件“否决投标的情形”中“二、投标文件存在以下情形之一的，其投标文件将被否决”“（一）形式及资格等符合性内容”第1条“投标人的资质、业绩、人员、设备等条件未满足招标文件实质性响应要求的”。招标文件第10页“第二章 投标人须知前附表”中“一、实质性响应招标文件资料”未设置“无行贿犯罪记录”相关资料。

（3）招标文件第 17 页“第二章　投标人须知前附表 10.3 定标”中“一、招标人定标前，将向检察机关查询拟中标人自 2014 年 9 月 1 日起至投标截止日的行贿犯罪记录。有行贿犯罪记录的，取消其中标资格，招标人将重新招标。”

（4）该项目的其他投标人在投标文件中提供了“无行贿犯罪记录”，但查询期限未到投标截止日。

本机关认为，经调查，招标文件中未要求投标人在投标时提供“无行贿犯罪记录”，该资料是由招标人定标时对中标人进行查询。评标委员会理解有误，未按招标文件规定的评标标准和方法评标。处理意见：投诉成立，责令改正。

根据《招标投标法实施条例》第七十一条规定，评标委员会成员按照招标文件规定的评标标准和方法评标的，由有关行政监督部门责令改正；情节严重的，禁止其在一定期限内参加依法必须进行招标的项目的评标；情节特别严重的，取消其担任评标委员会成员的资格。因此，本案例中因评标委员会评标错误，故行政监督部门责令其改正。

【案例 54】

招标投标投诉处理决定书

投诉人称：评标委员会评标错误，要求重新评审。

被投诉人评标委员会陈述：经重新审查，A 建设监理有限责任公司拟派项目总监理工程师的业绩得分应为1.5分，资信业绩总分应为3.5分，原评审结果错误。

经查明：

（1）××城际铁路工程招标，A建设监理有限责任公司为中标候选人，拟派项目总监理工程师为郭某。

（2）招标文件“评标办法资信业绩评分”中“评分（0～5）分（1）拟派项目总监理工程师具有高级技术职称的，得2分。（2）项目总监理工程师2012年1月1日起至今每具有一个已完成国内城市轨道交通盾构区间主体工程总监理工程师业绩得1.5分，满分3分”。

（3）经核评标报告详细评分汇总表，中标候选人总分为91.26分，其中资信业绩评审得分为5分。

（4）中标候选人在投标文件中提供了2个拟派总监理工程师郭某的业绩，其中“××市轨道交通××线工程土建施工监理03合同段”业绩不满足招标文件规定的业绩得分标准，不应得分。符合得分标准的业绩为1个，业绩得分应为1.5分。评标委员会给出了满分5分（高级职称2分，业绩得分3分），多给了1.5分。

本机关认为，经核实，评标委员会未按照招标文件规定对中标候选人拟派项目总监理工程师业绩进行打分，导致其业绩得分多给1.5分，影响了评标结果，投诉反映的情况属实。处理决定：投诉成立，责令评标委员会改正。

本案例中，也是因为评标委员会评标错误，故行政监督部门根据《招标投标法实施条例》第七十一条规定责令其改正。

【案例 55】

招标投标投诉处理决定书

某公司机械停车库设备采购招标，某科技股份有限公司提起投诉，投诉事项：被投诉人（投标人之一某智能停车股份有限公司）未实质性响应招标文件，信用报告不符合招标要求，不具备本次投标的有效资格。请求及时纠正错误。

经查明：

（1）招标文件“第一章招标公告”中资格条件“3. 企业信用报告（×× 省招标投标领域适用）的信用等级为 BB 级及以上”;“第二章投标人须知(一)实质性响应招标文件资料”需提供“信用 ××”投标企业信用报告概述页截图，并加盖单位公章；“第二章投标人须知 10.1 否决投标的情形”中“投标文件存在以下情形之一的，将被否决:(一)投标人的资质、业绩、人员、设备等条件未满足招标文件实质性响应要求”。

（2）被投诉人投标文件中未提供加盖公章的“信用 ××”投标企业信用报告概述页截图。

（3）经信用 ×× 网查询，未查到被投诉人的“企业信用报告”概述页信息。

某市发展改革委认为，被投诉人未提供“企业信用报告”，不符合招标文件对投标人资格条件的规定，评标委员会未按招标文件的规定提出否决意见。处理意见：投诉成立，依据《招标投标法实施条例》第七十一条的规定，责令评标委员会改正。

本案例中，被投诉人缺少“企业信用报告”，评标委员会应当否决其投标。但因工作疏忽、评标错误未提出否决意见，故行政监督部门根据《招标投标法实施条例》第七十一条“对依法应当否决的投标不提出否决意见，有关行政监督部门责令改正”的规定责令其改正。

【案例 56】

招标投标投诉处理决定书

A 电梯有限公司投诉称，某项目中标候选人公示信息中，显示 B 电梯有限公司（简称被投诉人）没有递交该项目标段一的投标文件，不符合该项目标段二招标文件推荐中标候选人原则中“投标人必须同时参与两个标段的投标，且只能中一个标段”的规定，此情形属于没有对招标文件提出的实质性要求和条件作出响应，违反了《招标投标法》第二十七条的规定，被投诉人不具备成为该项目标段二中标候选人及第一中标候选人的资格。

经查：

（1）本项目招标文件推荐中标候选人原则：投标人必须同时参与两个标段的投标，且只能中一个标段。分别推荐两个标段的第一至第三中标候选人。若同一投标人在两个标段同时评审排名第一，则将确定其为控制价最大标段的第一中标候选人，并视为自动放弃另一标段的中标候选人资格，另一标段的中标候选人按该标段评审排名的先后顺序依次上升替补确定。

（2）被投诉人只递交了标段二的投标文件，未递交标段一的投标文件，被投诉人被评标委员会推荐为本项目标段二的第一中标候选人。

综上所述，评标委员会未按招标文件规定的评标标准和方法评标。根据《招标投标法实施条例》第七十一条第三项规定，责令其改正。

本案例中，也是因为被投诉人未按照招标文件要求递交投标文件，评标委员会因工作疏忽评标错误，故行政监督部门根据《招标投标法实施条例》第七十一条的规定责令其改正。

【案例 57】

招标投标投诉处理决定书

××城际铁路工程声屏障施工招标，××环保工程有限公司投诉称：中标候选人××交通工程有限公司提供的资格条件业绩“××轨道交通二十一号线高架轨道附属降噪设备工程”尚未完工，该业绩不符合招标文件要求。要求重新组织招标。

某市发展改革委查明：

（1）××城际铁路工程项目经评审，××交通工程有限公司被推荐为中标候选人。

（2）招标公告对投标人资格条件的业绩要求：“2014年1月1日起至今[时间以竣（交）工验收日期为准]完成过单个施工造价金额不小于3000万元人民币的国内声屏障工程施工业绩。”

（3）被投诉人本项目电子投标文件中提交的类似项目业绩有且仅有：“××轨道交通二十一号线高架轨道附属降噪设备工程”。提供的证明材料《单位工程交工验收证明书》中“总承包单位”的名称与签章不一致，中标通知书和合同载明的内容未能证明上述不一致的正当性。

综上所述，被投诉人在投标时提交的投标人资格业绩“××轨道交通二十一号线高架轨道附属降噪设备工程”的证明材料不足以证明该业绩符合招标文件的业绩要求。

本机关认为，评标委员会在评标过程中未按招标文件规定进行评标，违反了《招标投标法实施条例》第四十九条规定。根据《招标投标法实施条例》第七十一条规定，作出如下处理决定：责令评标委员会改正。

本案例中，被投诉人未提交合格的业绩证明材料来证明其具备合格的资格条件，但评标委员会评标错误，未严格按照招标文件规定的评标标准和方法评标，对依法应当否决的投标未提出否决意见，故行政监督部门根据《招标投标法实施条例》第七十一条的规定责令其改正。

上面只是摘录了一些投诉处理决定，以了解行政监督部门作出的投诉处理结果，投诉属实（即投诉事项具有事实依据，且依据《招标投标法》的规定，被投诉人具有违法行为，应责令改正或进行行政处罚）的，行政监督部门应当依据相关法律规定责令当事人进行改正，而不是直接突破行政权限替当事人作出决定，这蕴含着依法行政的应有之义。

行政监督部门处理招标投标活动中的投诉，属于一种行政监督行为，就需要按照依法行政的要求作出行政行为，履行规定的行政程序，包括投诉处理决定必须符合法定的条件。一是投诉处理决定应当采用书面形式。投诉处理决定涉及招标投标活动当事人的合法权益，属于有法律约束力的文书。投诉处理决定采用书面形式有利于规范投诉处理程序，也有利于投诉人合法权益的保护，当其对投诉处理决定不满意或者投诉处理机关逾期不作出处理决定时，可以进一步采取救济措施。因此，《招标投标法实施条例》第六十一条要求行政监督部门必须“作出书面处理决定”。二是投诉处理决定书的内容必须齐备，不能有缺失。

对于投诉处理决定，相关部门规章有具体规定。《工程建设项目招标投标活动投诉处理办法》第二十二条规定："投诉处理决定应当包括下列主要内容：（一）投诉人和被投诉人的名称、住址。（二）投诉人的投诉事项及主张。（三）被投诉人的答辩及请求。（四）调查认定的基本事实。（五）行政监督部门的处理意见及依据。"

结合上述案例来看，完整的投诉处理决定书内容包括：

（1）投诉人与被投诉人基本信息。

（2）投诉事项及主张。

（3）行政监督部门查明的事实，对投诉事项的认定及法律依据。

（4）处理决定（即驳回投诉还是投诉成立后要求如何纠正违法行为，如责令重新评标、重新确定中标候选人）。

（5）告知当事人可以提起行政复议或行政诉讼的权利。

行政监督部门在履行招标投标监督职责中，其权力是受到限制的，尤其要注意评标、定标是招标人的职责，行政监督部门不能越俎代庖代为评标、定标，侵犯民事主体的经营自主权。也正因为这样，在上述投诉案例中，有的当事人提出要行政监督部门确定自己为中标候选人，有的请求确认某中标候选人投标无效应当否决，有的请求判定中标无效等，但是行政监督部门并没有这些权力，而是在确认投诉事实成立的情况下，最终责令招标人重新招标或重新确定中标候选人，评标委员会重新评审或重新推荐中标候选人等，并没有直接确定投标无效、重新招标或者直接确定中标人或中标候选人，这与行政监督部门的监督权限有关。

展开来说，招标人自主组织招标、投标、开标、评标、定标等活动，自主制定招标文件、决定中标人、发出中标通知书、签订合同，并接受行政监督部门依法实施的行政监督，但不受行政监督部门的非法干预。评标委员会依法享有独立评标的权利，除非出现法定情形，行政监督部门在作出处理决定时一般不能否定评标委员会的评标结果，或者代替评标委员会对某个投标人投标的效力直接进行判定，或者直接确定中标人。因此，投诉时如提出要求行政监督部门直接“改判”，确认其为中标候选人、中标人或确定投标有效、重新招标等诉请，都难以得到支持，应责令招标人作出此类决定。

【案例 58】

招标人就 ×× 工程建设项目公开招标。经评审，公示第 1 ～ 3 名中标候选人依次为建设公司、工程公司、安装公司。随后，县招标局接到对第一、第二中标候选人的投诉，查实建设公司提供不实证明材料，工程公司的投标不符合招标文件实质性要求，因此发布“中标结果公告”载明“中标人：安装公司”。

中标结果公告后，工程公司投诉，县招标局复函：工程公司投标文件载明的建造师李某 2013 年度末并不在该公司参保，而是 2014 年 4 月开始在该公司参保，不符合招标文件前述实质性条款规定。

工程公司认为其拟派的建造师李某的养老保险符合招标文件要求，招标人就应当按照中标候选人顺序确定第二中标候选人工程公司为中标人，为此起诉。

法院认为，根据《招标投标法》第四十条、第四十五条及《招标投标法实施条例》第五十五条规定，确定中标人、发出中标通知书等是招标人应尽的职责和义务。县招标局发布中标结果公告，直接确定安装公司为中标人，明显与法律法规规定不符，该处理决定属于《行政诉讼法》规定的超越职权的行政行为，依法应予撤销。工程公司起诉要求法院确认其为该工程项目中标人，也不符合相关法律规定，不予支持。判决：撤销县招标局作出的中标结果公告中“工程公司提供的相关证明材料未响应招标文件的实质性要求”及“中标人为安装公司”的行政处理部分。

从这个案例来看，行政监督部门的行政监督权必须“依法实施”，不能变相地行政干预。对不属于行政监督管理范围内，而应由招标投标当事人自主决定的事项，行政监督部门不得凭借其行政权力代为作出决定或违法进行干预，否则就是超越职权或滥用职权的行为。行政监督部门有权受理投诉，发现存在违法行为时有权要求当事人纠正并可作出行政处罚，但是如代替招标人决定中标人、发布中标结果公告，属于《行政诉讼法》第七十条规定的超越职权的行政行为，依法应予撤销。对该行政行为，当事人可以依法申请行政复议或者提起行政诉讼。上述案例中，就是因为行政监督部门越权作出投诉处理决定，被法院判定该行政行为违法而要求撤销该行政行为。

【案例59】

某资产管理有限公司就某水库工程招标，确定中标人为某科技股份有限公司。某工程公司投诉，认为某科技股份有限公司使用的《高新技术企业证书》和《水文、水资源调查评价资质证书》的真实性及公司名称与投标人不一致，不具备投标人资格，请求撤销该公司的中标候选人资格。市水务局作出投诉处理决定书，维持原评标结果。某工程公司不服申请行政复议，市政府作出行政复议决定书，认为市水务局作出的处理决定书认定事实不清、违反法定程序，决定撤销该处理决定书，责令重新作出处理决定。某科技股份有限公司不服提起诉讼。

法院认为，投标人在参加投标过程中是否符合招标文件规定的资格条件，认定权在评标委员会。行政监督部门经查实认为招标投标活动存在违反《招标投标法》及其实施条例规定情形的，应当依法进行处理，但无权对投标文件是否符合招标文件进行直接认定。同理，行政复议机关也无权对投标文件是否符合招标文件进行认定。就本案而言，某科技股份有限公司在参与某水库工程施工投标中提交的《高新技术企业证书》和《水文、水资源调查评价资质证书》是否符合招标文件的要求，应由案涉招标工程的评标委员会进行认定。市政府在行政复议决定中直接评价认定某科技股份有限公司的投标文件不符合招标文件规定的资格条件不当，不符合前述法律规定。

在这个案例中，法院的观点是，行政监督部门、行政复议机关无权对投标文件是否符合招标文件进行认定，这是评标委员会的职责。

行政监督部门作出投诉处理决定的行为属于行政行为，投诉人对行政监督部门的投诉处理决定不服或者行政监督部门逾期未作处理的，可以依法申请行政复议或者向人民法院提起行政诉讼。

第十二节　当事人对投诉处理决定不服的法律救济

先看一个案例。

【案例 60】

某消防整改工程公示中标候选人，A 建工集团为第一中标候选人及拟中标人。投标人之一的 B 建筑公司，书面向县建委投诉A建工集团投标时隐瞒了事实真相，不能满足招标文件要求，诉请取消A建工集团的中标资格。县建委作出《处理决定》，认定投诉情况属实，决定取消A建工集团的中标资格。A建工集团以《处理决定》超越职权、未适用法律法规等为由，向县人民政府申请行政复议。县人民政府认为，县建委不应受理B建筑公司的投诉，决定撤销《处理决定》。B建筑公司不服，提起本案诉讼。

法院认为，根据《中华人民共和国行政复议法》（以下简称《行政复议法》）第十二条第一款的规定，对县级以上地方各级人民政府工作部门的具体行政行为不服的，申请人可以向该部门的本级人民政府申请行政复议。本案中，县建委系县人民政府的工作部门，申请人对县建委的行政处理决定不服，向县人民政府申请行政复议，县人民政府有权受理并作出复议决定。根据《行政诉讼法》第二十六条第二款的规定，经复议的案件，复议机关决定维持原行政行为的，作出原行政行为的行政机关和复议机关是共同被告；复议机关改变原行政行为的，复议机关是被告。

本案中，A建工集团对县建委作出的《处理决定》不服，向县人民政府申请行政复议，县人民政府撤销了该《处理决定》。因此，县人民政府是本案的被告。根据《行政诉讼法》第二十五条第一款的规定，行政行为的相对人以及其他与行政行为有利害关系的公民、法人或者其他组织，有权提起诉讼。本案中，B建筑公司以A建工集团在投标中隐瞒了事实真相为由，向县建委提出投诉，是县建委对其投诉作出处理决定的行政行为相对人，其对县建委的处理决定及县人民政府的行政复议决定有权提起行政诉讼。故 B 建筑公司是本案适格原告。

上述案例告诉我们，招标投标活动的当事人，不管是投诉人还是被投诉人，因为投诉处理决定对其利益有影响，对投诉处理决定不服的，可以依法申请行政复议、提起行政诉讼，要求行政复议机关、人民法院纠正错误的投诉处理决定，来维护自己的权益。

一、行政复议

行政复议是指公民、法人或者其他组织认为行政机关所作出的具体行政行为违法或侵害其合法权益，依法向主管行政机关提出复查该具体行政行为的申请，由行政复议机关依照法定程序对被申请的行政行为的合法性和合理性进行审查，并作出行政复议决定的一种法律制度，兼具行政监督、行政救济和行政司法行为的属性。《行政复议法》第九条规定：“公民、法人或者其他组织认为具体行政行为侵犯其合法权益的，可以自知道该具体行政行为之日起 60 日内提出行政复议申请。”

【案例61】

招标投标投诉处理行政复议决定书

申请人：××机电设备有限公司

被申请人：××区发展和改革委员会

申请人请求：撤销《决定书》，依法受理该次招标投诉，继续监督此项目的招标投标活动。

经审理查明，某项目于2017年10月13日公开招标，2017年10月18～20日对评标结果进行了公示。申请人于2017年10月19日向招标人提出质疑，招标人于2017年10月23日以《质疑回复函》回函申请人，称“对于贵司在《质疑函》中提出的问题，我们正在进行核实，同时请贵司于3日内提供相关证明材料，以便进一步核实。”申请人于2017年10月24日收到此函。2017年10月26日，申请人再次向招标人提交回复函和相关证明材料。2017年11月7日，申请人向被申请人提出投诉。被申请人于2017年11月8日作出《决定书》，称申请人的投诉已超过投诉时效，决定不予受理。截至申请人提出复议申请时，招标人未向申请人回复对质疑的处理结果。

本机关认为：

（1）招标人未就申请人的异议作出答复。《招标投标法实施条例》第五十四条规定：“投标人或者其他利害关系人对依法必须进行招标的项目的评标结果有异议的，应当在中标候选人公示期间提出。招标人应当自收到异议之日起3日内作出答复。”该条例第六十条规定：“就本条例第二十二条、第四十四条、第五十四条规定事项投诉的，应当先向招标人提出异议，异议答复期间不计算在前款规定的期限内。”

根据以上规定，利害关系人不服依法必须进行招标项目的评标结果进行投诉的，需先向招标人提出异议，招标人应予答复。以上规定主要考虑两点：一是鼓励招标人和其他利害关系人通过异议方式解决招标投标争议，异议一般通过招标人的解释说明即可以快捷地得到化解，而投诉处理则必须经过调查，履行法定程序；二是减轻行政负担，以便有效利用有限的行政资源处理异议程序无法解决的投诉。基于以上考量，招标人在收到异议后，应当作出实质性答复，及时消除异议人的疑惑，并非有回复行为即认为已经进行了答复。

本案中，招标人在2017年10月23日作出的《质疑回复函》中称，正在核实申请人质疑提出的问题，且要求申请人提供相关证明材料，以便进一步核实。该《质疑回复函》未对申请人所质疑的内容进行实质性回应。同时，申请人根据招标人的要求，于2017年10月26日再次向招标人提交回复函和相关证明材料后，截至申请人提出复议申请时，未收到招标人对质疑的处理结果。因此，应当认为招标人未就申请人的异议作出答复。

（2）申请人的投诉未超过投诉时效。根据《招标投标法实施条例》第六十条“投标人或者其他利害关系人认为招标投标活动不符合法律、行政法规规定的，可以自知道或者应当知道之日起10日内向有关行政监督部门投诉……异议答复期间不计算在前款规定的期限内”的规定，投诉时效不包括异议处理时间，是为了避免招标人故意拖延对异议的回复而导致异议人丧失投诉权的情况发生。因此，在本案中招标人未就质疑作出答复的情况下，应当认为异议环节尚未结束，不应当认定申请人的投诉已超过投诉时效，并以此理由不予受理申请人的投诉。

综上所述，根据《行政复议法》第二十八条第一款第（三）项、《中华人民共和国行政复议法实施条例》第四十五条的规定，决定如下：撤销被申请人作出的《决定书》，责令被申请人在3个工作日内重新作出处理。

二、行政诉讼

行政诉讼，是指公民、法人或者其他组织认为行使国家行政权的机关和组织及其工作人员所实施的具体行政行为，侵犯了其合法权益，依法向人民法院起诉，人民法院在当事人及其他诉讼参与人的参加下，依法对被诉具体行政行为是否合法进行审查并作出裁判，从而解决行政争议的制度。也就是平常所说的“民告官”。

《行政诉讼法》第二条规定：“公民、法人或者其他组织认为行政机关和行政机关工作人员的行政行为侵犯其合法权益，有权依照本法向人民法院提起诉讼。前款所称行政行为，包括法律、法规、规章授权的组织作出的行政行为。”行政监督部门对投诉作出的投诉处理决定就属于可以提起行政诉讼的行政行为。该法第四十六条规定：“公民、法人或者其他组织直接向人民法院提起诉讼的，应当自知道或者应当知道作出行政行为之日起六个月内提出。法律另有规定的除外。”

三、行政诉讼和行政复议的区别

（1）二者受理的机关不同。行政诉讼由法院受理；行政复议由行政机关受理，一般由原行政机关的上级机关受理，特殊情况下，由本级行政机关受理。

（2）二者解决争议的性质不同。人民法院处理行政诉讼案件属于司法行为，适用《行政诉讼法》；行政机关处理行政争议属于行政行为的范畴，适用《行政复议法》。

（3）二者适用的程序不同。行政复议适用行政复议程序，而行政诉讼适用行政诉讼程序。行政复议程序简便、迅速、廉价，行政诉讼程序复杂且需要更多的成本，公正的可靠性更大。行政复议实行一裁终局制度；而行政诉讼实行二审终审制度等。

（4）二者的审查强度不同。根据《行政诉讼法》的规定，原则上法院只能对行政主体行为的合法性进行审查；而根据《行政复议法》的规定，行政复议机关可以对行政主体行为的合法性和适当性进行审查。

（5）二者的受理和审查范围不同。《行政诉讼法》和《行政复议法》对于受理范围均做了比较详细的规定。从列举事项来看，《行政复议法》规定的受案范围要广于《行政诉讼法》。

行政复议与行政诉讼是两种不同性质的监督，前者是行政监督，后者是司法监督，且各有所长，不能互相取代。由当事人选择救济途径，对于招标投标投诉处理决定不服的，当事人可以直接提起行政诉讼，也可以选择复议救济途径之后，仍不服的，再提起行政诉讼。

《行政诉讼法》第四十五条规定："公民、法人或者其他组织不服复议决定的，可以在收到复议决定书之日起十五日内向人民法院提起诉讼。复议机关逾期不作决定的，申请人可以在复议期满之日起十五日内向人民法院提起诉讼。法律另有规定的除外。"

有很多案例都充分说明，招标投标当事人对行政监督部门的处理决定不服的，可以申请行政复议；行政监督部门不受理复议申请，法院有权判决责令其重新作出行政复议决定。所以，行政复议、行政诉讼都是招标人、投标人或其他利害关系人等招标投标活动的当事人对投诉处理决定不服时，享有的法律救济权利，当事人可酌情选择。

第二章

程序篇

“没有程序的正义，就没有实体的正义。”——法谚

第一节 投诉异议处理程序不合规

投诉招标人未按规定处理异议

（一）投诉招标代理机构拒收异议书

【案例62】

招标投标投诉处理决定书

投诉人：×× 劳务有限公司

被投诉人一：×× 招标有限公司

被投诉人二：×× 投资有限公司

1. 投诉人投诉事项及主张

投诉人以 ×× 县 ×× 乡易地扶贫搬迁配套供水项目（EPC）第二中标候选人 ×× 工程集团有限公司的标前约定劳务分包公司身份，于2019年5月27日向被投诉人二递交了“×× 县 ×× 乡易地扶贫搬迁配套供水工程项目（EPC）质疑书”，认为被投诉人二未对质疑作出书面答复，也未口头或书面说明已授权或委托被投诉人一受理或处理。请求依法取消 ×× 县 ×× 乡易地扶贫搬迁配套供水项目（EPC）第

一中标候选人 ×× 水利水电第一工程有限公司、×× 水利电力设计院（联合体）和第三中标候选人 ×× 建设集团有限公司、×× 第九设计研究院工程有限公司（联合体）的中标候选人资格。

2. 调查认定的基本事实

（1）投诉人未提供证据证明投诉人在 2019 年 5 月 27 日按照规定向被投诉人二提出质疑，且被投诉人二已委托被投诉人一负责实施 ×× 县 ×× 乡易地扶贫搬迁配套供水项目（EPC）的招标投标活动，在 2019 年 5 月 27 日投诉人向被投诉人一递交质疑书时，被投诉人一经与被投诉人二进行沟通后，在质疑书上签署了不予受理的意见，该意见已获得被投诉人二的确认，应视为被投诉人二对同一质疑的统一答复行为，以上有对被投诉人一、被投诉人二的调查笔录为证。故投诉人认为被投诉人二 ×× 投资有限公司未按有关规定及时间受理投诉人的质疑无事实依据。

（2）被投诉人一 ×× 招标有限公司已于 2019 年 5 月 27 日在投诉人递交的质疑书上签署了“你单位不是本项目的投标单位，不存在直接利害关系，不接收你单位质疑书”的答复意见，该行为属于对投诉人明确答复，该行为不属于拒收，而是不予受理。

（3）被投诉人一和被投诉人二不是投诉人主张“取消中标候选人资格”事项的行为主体，投诉人的主张与被投诉人一、被投诉人二均无关联。

3. 处理意见及依据

综上所述，根据《工程建设项目招标投标活动投诉处理办法》第二十条的规定，本行政机关依法作出处理决定如下：驳回投诉人 ×× 劳务有限公司提出的投诉，×× 县 ×× 乡易地扶贫搬迁配套供水项目（EPC）招标投标活动按程序继续进行。

【评析】

根据《招标投标法》第十三条、第十五条规定，招标代理机构是依法设立、从事招标代理业务并提供相关服务的社会中介组织，招标人可以委托招标代理机构办理招标事宜。招标代理机构作为代理人，在招标代理委托合同范围内，受招标人的委托受理异议并作出答复，该代理行为的后果归属于招标人。且一般而言，投标人在招标公告和招标文件中应已知悉其身份和代理权限，包括受托对投标人的异议予以答复。

本案例中，投诉人向招标代理机构提交质疑书，根据民事代理原则，该异议即为向招标人提出，招标代理机构受理后在质疑书上签署了“不予受理”的意见，且经招标人确认，其即为招标人对该异议的答复，故投诉人提出招标代理机构拒收其异议、招标人未对异议作出书面答复均无事实依据，因此行政监督部门以该投诉缺乏事实依据为由驳回投诉并无不当。

【启示】

招标人有权委托招标代理机构在其委托权限范围内代理其办理招标事宜，其中也包括受理异议事项并进行调查、作出答复，等同于招标人亲自作出。对于潜在投标人、投标人或其他利害关系人提出的异议，招标人、招标代理机构接收并进行审查，不符合受理条件的，可以作出不予受理异议的决定。

（二）投诉招标人处理异议未调查取证

【案例 63】

招标投标投诉处理决定书

投诉人：×× 建设有限公司

被投诉人一：×× 区农业农村局

被投诉人二：×× 项目管理有限公司

1. 投诉人投诉事项及主张

投诉人认为 ×× 区农业农村局、×× 项目管理有限公司处理 ×× 水库渠道防渗工程招标投标的质疑活动没有严格核实质疑问题的真实性，工作不严谨，独断专行，存在不公平、不公正行为。请求对该行为进行调查，对此次质疑流程是否合法合规、是否通过上级监督部门审核备案进行严查。如调查属实，请求恢复其本项目第一中标候选人身份。

2. 调查认定的基本事实

2021 年 12 月 7 日，被投诉人一、被投诉人二在本项目中标候选人公示期间收到质疑函。针对投诉人投标所提供的项目经理覃 ×× 已在 ×× 村 2021 年高标准农田建设项目担任项目经理的质疑事项，被投诉人一、被投诉人二分别向 ×× 县农业农村局以及投诉人函询取证，经综合 ×× 县农业农村局以及投诉人的回复材料，本项目招标人（即被投诉人一）于 2021 年 12 月 20 日在相关网站公示认定上述质疑事项成立，决定提请原评标委员会进行复议。

2021 年 12 月 23 日，经原评标委员会对本项目复议，复议结果为 6 家投标单位只有 2 家通过初步评审，其中 ×× 建设有限公司资格审查不合格，原因为项目经理覃 ×× 在 ×× 村 2021 年高标准农田建设项目担任项目经理职务，项目目前已完工，但未验收，属于尚在在建工程任职。最终因有效投标单位不足 3 家，评标委员会一致决定不再继续进行评审，否决全部投标。

2021 年 12 月 24 日，被投诉人二在中国招标投标公共服务平台、×× 招标投标公共服务平台发布本项目流标公告，在全国公共资源交易平台做项目流标处理，但未同步在全国公共资源交易平台网、×× 市公共资源交易中心网发布流标公告。

本机关认为，被投诉人一、被投诉人二在收到本项目质疑函后，已对照质疑事项开展相关调查取证工作，被投诉人一认定质疑事项成立的依据充分，提请原评标委员会复议符合招标工作程序，本次质疑处理结果已在招标公告约定的信息公示网站对外公示，复议环节中投诉人被评标委员会否决投标的原因明确。因此，投诉人反映的“被投诉人一、被投诉人二在此次质疑活动没有严格核实质疑问题的真实性，工作不严谨，独断专行，存在不公平、不公正行为”的情况不属实，请求及主张恢复其第一中标候选人资格无事实和法律依据。

针对被投诉人一、被投诉人二未同步在全国公共资源交易平台网、×× 市公共资源交易中心网发布本项目流标公告的情况，我局已责令其及时修正信息公示工作。被投诉人一、被投诉人二已于 2022 年 1 月 13 日在招标公告约定的信息公示网站作出修正澄清，同步公示流标信息。

3. 处理决定及依据

综上所述，根据《工程建设项目招标投标活动投诉处理办法》第二十条规定，本机关依法作出处理决定如下：驳回投诉人 ×× 建设有限公司提出的投诉，×× 水库渠道防渗工程招标投标活动按程序继续进行。

【评析】

在招标过程中，投标人或利害关系人对资格预审文件、招标文件、开标或评标结果等有不同意见的，可以提出异议并要求调查处理。异议调查处理的一般流程包括提出异议—受理异议—调查处理—作出处理结果。

本案例中，被投诉人在收到质疑函后已开展相关调查取证工作，经复议并在招标公告约定的信息公示网站对外公示了异议处理结果，异议答复依据充分、程序正当，因此投诉人反映的“被投诉人在此次质疑活动中没有严格核实质疑问题的真实性，工作不严谨，独断专行，存在不公平、不公正行为”情况不属实，请求及主张恢复其第一中标候选人资格无事实和法律依据，行政监督部门依法驳回其投诉，对于被投诉人部分信息公示工作不到位之处也已责令其修正，程序是合规的。

【启示】

如果招标人处理异议时未进行调查取证，可能会引起不公正的结果或产生争议。因此，招标人应当制定明确的程序来处理异议，包括调查和取证的具体程序，以及处理结果的告知方式，应采取必要的措施来确保充分的调查和取证，这样可以避免不公正的结果和不必要的争议，并提高整个招标过程的透明度和公正性。

（三）投诉异议答复期限超期

【案例64】

投诉人：××建设集团有限公司

被投诉人一：××建筑集团有限公司

被投诉人二：××工程管理有限公司

招标人××戒毒所委托被投诉人××工程管理有限公司代理招标的××戒毒所改扩建项目戒毒康复及帮教综合楼施工项目于2021年7月15日在××市公共资源交易中心进行

评标，被投诉人 ×× 建筑集团有限公司为第一中标候选人，并于 2021 年 7 月 16 日在 ×× 市公共资源交易平台发布中标候选人公示，公示期为 2021 年 7 月 16 日至 2021 年 7 月 21 日。

投诉人 ×× 建设集团有限公司于 2021 年 7 月 21 日向招标人 ×× 戒毒所及被投诉人 ×× 工程管理有限公司提出异议。招标人 ×× 戒毒所委托被投诉人 ×× 工程管理有限公司于 2021 年 7 月 28 日作出异议答复。

投诉人 ×× 建设集团有限公司对被投诉人 ×× 工程管理有限公司的答复不满意，于 2021 年 7 月 30 日向本机关递交投诉书。

1. 投诉人的投诉事项及主张

投诉人 ×× 建设集团有限公司于 2021 年 7 月 21 日向被投诉人 ×× 工程管理有限公司提出异议，被投诉人 ×× 工程管理有限公司于 2021 年 7 月 28 日予以书面答复，投诉人 ×× 建设集团有限公司认为答复时间超出规定的 3 天期限。请求给予被投诉人 ×× 建筑集团有限公司否决投标处理。

2. 调查认定的基本事实

投诉人 ×× 建设集团有限公司于 2021 年 7 月 21 日向被投诉人 ×× 工程管理有限公司送达异议函。被投诉人 ×× 工程管理有限公司于 2021 年 7 月 21 日受理异议，被投诉人 ×× 工程管理有限公司受理异议后 3 日内未作出书面答复也未以书面形式告知投诉人 ×× 建设集团有限公司最终答复期限，而以电话及口头方式告知投诉人 ×× 建设集团有限公司有关异议事项，不符合《×× 市房屋建筑和市政基础设施工程招标投标活动异议答复和投诉处理规程》第一部分异议答复规程第二十五条第二款的规定，存在一定过错。但被投诉人 ×× 工程管理有限公司已于2021年7月28日向投诉人 ×× 建设集团有限公司送达了书面异议答复函。

3. 处理意见

综上所述，投诉人的投诉缺乏事实根据。根据《工程建设项目招标投标活动投诉处理办法》第二十条第（一）项的规定，本机关决定驳回投诉人的投诉。

【评析】

《招标投标法实施条例》第二十二条、第四十四条、第五十四条规定了招标人答复异议的期限，除在开标现场提出的异议应当当场作出答复外，其余情形下招标人应当自收到异议之日起3日内作出答复，且答复前应当暂停招标投标活动。同时根据《招标投标法实施条例》第七十七条规定，招标人不按照规定对异议作出答复，继续进行招标投标活动的，由有关行政监督部门责令改正，拒不改正或者不能改正并影响中标结果的，招标、投标、中标无效，应当依法重新招标或者评标。

本案例中，投标人对评标结果存在异议，于中标候选人公示期间向招标代理机构送达异议函，符合法律规定。招标代理机构于当日受理该异议，但在受理后3日内并未作出书面答复也未以书面形式告知投诉人最终答复期限，而是以电话及口头方式告知该公司有关异议事项，因此被行政监督部门判定存在一定过错。好在该公司最终向投诉人送达了书面异议答复函，尽管逾期进行答复，但纠正了其不作为的行为。

【启示】

《工程建设项目招标投标活动投诉处理办法》仅就工程建设项目招标投标活动投诉情况作出了规定，但目前相关部门还未发布关于工程建设项目招标投标活动的异议处理办法，也未明确异议处理的程序及具体的形式要求。但部分省份或地市已发布关于工程建设项目异议的相关规定，如深圳市住房和建设局制定了《深圳市工程建设项目招标投标活动异议和投诉处理办法》，明确了工程建设项目异议的程序以及不予受理异议的情形。因此在招标投标采购过程中，招标人应重点关注当地有关部门对异议处理的相关规定，同时健全招标采购的异议与投诉管理制度，如建立采购招标投标异议问题登记备案制度、异议投诉处理资料归档制度及异议问题处理结果公示与公告制度等，主动接受舆论和公众监督，保证异议处理的合规性。

（四）投诉收到异议后未暂停招标投标活动

【案例 65】

投诉人：××公司

被投诉人：招标人 A 公司、招标代理机构 B 公司

1. 投诉人投诉事项及主张

投诉人质疑 ×× 市某土建及机电设备安装项目招标人未履行法定异议答复义务，且在中标候选人公示期收到其异议后未暂停招标投标活动，项目代理机构继续发布中标公示行为违法。请求撤销发布的中标公示；责令招标人重新组织招标或者重新组织评标。

2. 调查认定的基本事实

本项目中标候选人公示期为 ×××× 年7月3日～7月5日，投诉人于 ×××× 年7月5日向招标人提出异议。招标人对异议答复函落款时间为 ×××× 年7月6日，发布中标公示的时间为 ×××× 年7月6日。招标人于 ×××× 年7月7日上午向投诉人代表送达异议答复函。

3. 处理决定及依据

（1）根据《招标投标法实施条例》第五十四条“……招标人应当自收到评标报告之日起3日内公示中标候选人”的规定和《×× 电子招标投标实施细则》第十八条“公示内容包括：……（六）被否决投标的进入评审的投标人名称及原因”的规定，招标人依法公示中标候选人并公布被否决投标的进入评审的投标人名称及原因符合法律法规和相关规定，投诉人要求撤销 ×××× 年7月6日中标候选人公示中有关其资格不符内容的主张不成立，不予支持。

（2）《招标投标法实施条例》第五十四条规定：“投标人或者其他利害关系人对依法必须进行招标的项目的评标结果

有异议的，应当在中标候选人公示期间提出。招标人应当自收到异议之日起3日内作出答复；作出答复前，应当暂停招标投标活动。”从书面材料和质证情况显示招标人异议答复的时间为××××年7月7日，而中标公示时间却为××××年7月6日，招标人及招标代理机构无法证明发布中标公示是在作出异议答复之后，该行为不符合上述法律规定要求，投诉人要求撤销7月6日发布的中标公示的主张成立，予以支持。

【评析】

当事人提起异议的，招标人在答复异议前应当暂停招标投标活动。《招标投标法实施条例》第二十二条规定：“潜在投标人或者其他利害关系人对资格预审文件有异议的，应当在提交资格预审申请文件截止时间2日前提出；对招标文件有异议的，应当在投标截止时间10日前提出。招标人应当自收到异议之日起3日内作出答复；作出答复前，应当暂停招标投标活动。”《招标投标法实施条例》第五十四条第二款规定：“投标人或者其他利害关系人对依法必须进行招标的项目的评标结果有异议的，应当在中标候选人公示期间提出。招标人应当自收到异议之日起3日内作出答复；作出答复前，应当暂停招标投标活动。”但是，《招标投标法实施条例》第六十二条第一款规定：“行政监督部门处理投诉，有权查阅、复制有关文件、资料，调查有关情况，相关单位和人员应当予以配合。必要时，行政监督部门可以责令暂停招标投标活动。”也就是说，当事人提起投诉的情形下，不是必须暂停招标投标活动，是否暂停由行政监督部门根据投诉事项具体情况，酌情考虑。不暂停可能导致不可逆的结果的，可以决定暂停招标投标活动并责令招标人执行该决定。

本案例中，招标人作出异议答复及发布中标公示的时间为同一天，不能证明其在收到异议后即暂停招标投标活动以及中标公示是在异议答复之后作出的定标决定，违反了上述规定。

【启示】

当事人提起异议的，招标人应当先暂停招标投标活动。暂停招标只是招标程序的暂缓进行，待招标人作出异议答复、暂停事由消失后，招标投标程序恢复进行。

第二节　投诉招标文件修改程序不合法

【案例 66】

××区建设工程招标投标管理办公室投诉处理决定书

投诉人：××生态园林建设有限公司

被投诉人：××工程咨询有限公司

投诉人认为，招标人于 2020 年 9 月 3 日发布了 2020 年度××河湖综合整治工程（一期）（简称本项目）招标文件补充答疑纪要，其中纪要第 2 条修改了投标文件的组成部分，影响投标文件编制，改变了招标文件的实质性条款，但招标人没有对递交投标文件截止时间进行相应延期，仍于 2020 年 9 月 10 日 10 时 30 分组织了本项目的开标会，违反了“招标文件进行必要的澄清或者修改，影响投标文件编制的，投标截止时间不足 15 日的，招标人应当顺延投标文件递交的截止时间”的规定。请求招标投标管理办公室予以查实处理。

本机关调查如下：

本项目招标文件第 3.8.1 条约定的投标文件组成包括“A. 投标承诺书。B. 投标人诚信承诺书。C. 工程结算承诺书。D. 项目负责人资格证书（详见投标人须知前附表第 25 项）。E. 本企业为项目负责人缴纳的有效社会保险证明。F. 有效的企业法人营业执照和安全生产许可证（若变更的包括变更内容，如行业规定不作要求的除外）的相关材料的复印件。G. 授权委托书（附件四）”。2020 年 9 月 3 日发布的本项目《招标答疑纪要》第 2 条约定“招标文件中第 3.8.1 条投标文件的组成中第 F 条增加‘有效的企业资质证书副本（包括资质等级内容）’，并增加第 H 条‘投标保证金缴纳凭证’”。

本机关认为，招标人虽然通过补充答疑的形式增加了投标文件内容，但并未对工程技术规程、质量要求以及附带服务等内容作任何改变和调整，且实际有 317 家投标人在投标截止时间前提交了投标文件，也没有潜在投标人因此向招标人或招标代理机构提出影响其投标文件编制的异议，故本机关认为本项目招标答疑纪要第 2 点的内容并不影响投标文件的编制，投诉人观点本机关不予支持。

综上所述，投诉人的投诉缺乏事实根据和法律依据，根据《工程建设项目招标投标活动投诉处理办法》第二十条第一项规定，本机关决定驳回该投诉。

【评析】

招标人有权对已经发出的资格预审文件、招标文件进行澄清或者修改。澄清是指招标人对资格预审文件、招标文件中的遗漏、词义表述不清或对比较复杂的事项进行说明。修改是指招标人对资格预审文件、招标文件中出现的错误进行修订。澄清和修改的内容视为资格预审文件、招标文件的一部分，与资格预审文件、招标文件具有同等效力。依据《招标投标法实施条例》第二十一条规定，澄清或者修改的内容可能影响资格预审申请文件或者投标文件编制的，招标人应当在提交资格预审申请文件截止时间至少 3 日前，或者投标截止时间至少 15 日前，以书面形式通知所有获取资格预审文件或者招标文件的潜在投标人；不足 3 日或者 15 日的，招标人应当顺延提交资格预审申请文件或者投标文件的截止时间。因此，只有当招标文件的澄清或修改有可能影响到投标文件编制的，才适用上述规定。若不影响投标人编制投标文件的，则不受前述时间限制。

本案例中，招标人发布的招标文件补充答疑纪要是对招标文件的组成进行补充修改，增加了有效的企业资质证书副本等材料，行政监督部门认定该修改并未给投标人已准备的投标材料带来较大改动，不影响投标文件的编制。同时，开标前所有报名投标人均按时提交了投标文件，招标人或招标代理机构也并未收到该纪要影响投标文件编制的异议，潜在投标人实际上未受影响，因此投诉人主张应对递交招标文件截止时间进行相应延期缺乏事实依据，故其投诉被行政监督部门驳回。

【启示】

招标文件发出以后，无论出于何种原因，招标人可以对发现的错误或遗漏进行澄清或者修改，并提前向潜在投标人发出书面澄清修改文件。

一般来讲，减少资格预审申请文件或投标文件需要包括的资料、信息，调整暂估价的金额，增加暂估价项目，变更开标地点，延迟投标截止时间，变更开标程序，变更投标文件密封条件等，这些情形不会增加潜在投标人编制资格预审申请文件或投标文件的工作量，不影响潜在投标人编制资格预审申请文件或投标文件。调整资格审查的内容和标准，改变资格预审申请文件、投标文件的格式，增加资格预审申请文件、投标文件应当包括的资料、信息，修改采购需求（如变更施工范围、技术规格、质量要求、竣工交货时间、提供服务时间等），修改合同条件，变更进度、质量、安全等商务条件，改变投标担保的形式和金额，改变工程、货物的相关随附服务内容等，这些改变可能给潜在投标人带来额外工作，影响投标文件编制，此时应给予潜在投标人足够的时间，以便投标人编制完成并按期提交资格预审申请文件或投标文件。

是否影响资格预审申请文件或者投标文件的编制，最有发言权的是投标人。因此，招标人可以在发出澄清、修改文件时，要求潜在投标人发出回执，回执中要求潜在投标人必须明确是否影响资格预审申请文件或投标文件的编制。投标人收到修改内容后，应以书面形式回复招标人，确认已收到该修改，并对“该修改是否影响投标文件编制”提出意见，如有投标人提出“影响投标文件编制”，则招标人应当推迟投标截止时间。如果投标人一致认为不影响文件编制，则可以不推迟投标截止时间。

第三节　投诉招标人拒收投标文件违法

【案例 67】

招标投标投诉处理决定书

投诉人：× × 实业有限公司

被投诉人（招标人）：× × 烟草公司

投诉人对招标人拒收其投标文件提出异议。其认为，××城智能化系统工程（第二标段）施工专业承包项目招标文件（以下简称“招标文件”）第 18.4 条规定“如果在各包封的外层箱上没有按上述规定密封、填写并加写标识，招标人将不承担投标文件错放或提前开封的责任，由此造成的过早开封的投标文件，招标人将予以拒绝，并退还给投标人”，根据该规定，其投标文件并不会引起错放或提前开封，因此招标人不应拒收其投标文件。另外，招标文件第 18.4 条规定和第 19.2.2 条规定存在冲突，招标人以招标文件第 19.2.2 条规定为依据，拒收其投标文件应不成立。

投诉人请求，重新组织开标，让其能参与投标。

经查：

（1）投诉人的投标文件不符合招标文件第 18.3.1 条“每个包上应具有招标人的名称和地址”标识的规定，且投诉人和招标人对该事实均无异议。

（2）招标文件第 18.4 条规定“如果在各包封的外层箱上没有按上述规定密封、填写并加写标志，招标人将不承担投标文件错放或提前开封的责任，由此造成的过早开封的投标文件，招标人将予以拒绝，并退还给投标人”；招标文件第 19.2.2 条将“投标文件未按招标文件要求密封和标识的”作为招标人拒绝接收投标文件的情形之一。

我委认为：投诉人未按招标文件第 18.3.1 的规定对投标文件进行标识，符合招标文件第 19.2.2 条招标人拒绝接收投标文件的情形，招标人的行为符合招标文件规定，且招标文件第 18.4 条和招标文件第 19.2.2 条内容并未冲突。

我委决定，根据《工程建设项目招标投标活动投诉处理办法》第二十条第（一）项的规定，驳回投诉人诉求。

【评析】

《招标投标法实施条例》第三十六条明确了“未通过资格预审的申请人提交的投标文件，以及逾期送达或者不按照招标文件要求密封的投标文件，招标人应当拒收”。其中，密封不符合招标文件要求的投标文件，招标人有权拒绝接收，以规避其自身保管投标文件出现泄密的风险。

本案例中，招标文件已经明确约定“未按招标文件要求密封和标识的”，招标人将拒绝接收。因投诉人的投标文件不符合招标文件第 18.3.1 条对标识的规定，招标人拒绝接收，符合《招标投标法实施条例》第三十六条中依法可以拒收的情形，也符合招标文件约定，故行政监督部门决定驳回该投诉。

【启示】

投标人应按招标文件要求，对投标文件进行密封、标识及填写，在招标文件规定的投标截止时间前送达。若密封、标识不合格，投标人重新密封、标识合格后，可于投标截止时间前再递交给招标人。招标人或招标代理机构应当履行完备的签收、登记和保存手续。

第四节　其他投诉事项

一、投诉要求招标人公开评标信息

【案例68】

招标投标投诉处理决定书

投诉人：×× 电梯有限公司

被投诉人一：×× 市地下铁道总公司（招标人）

被投诉人二：×× 机电设备招标中心（招标代理）

被投诉人三：×× 市轨道交通六号线首期工程 ××-×× 段自动扶梯采购（包安装）项目评标委员会

投诉人认为，从其公司近几年参加过全国众多城市轨道交通项目的招标投标工作分析，其公司和 ×× 电梯有限公司的技术得分并未有如此大的差距，投诉人要求公开商务、技术评分的全部详细资料。

招标人称，该项目的评标委员会根据招标文件规定的评审办法，独立进行评审，所评分值并无明显差异，综合统计数据未发现错误，评标结果真实。招标人经核查，×× 电梯有限公司在近几年的 ×× 地铁二号、八号线延长线及四号线北延段自动扶梯采购（包安装）等项目中技术得分均低于 ×× 电梯有限公司。

经查，目前尚未发现本项目有评标无效或者中标无效的法定情形，否定本项目招标结果无依据。

根据《招标投标法》第四十四条第三款和《招标投标法实施条例》第六十二条第二款的规定，对投诉人要求公布全部详细评标资料的诉求不予支持。

【评析】

评标委员会成员应当按照招标文件规定的评标标准和方法，客观、公正地对投标文件提出评审意见，并履行保密职责。《招标投标法》第四十四条第三款规定："评标委员会成员和参与评标的有关工作人员不得透露对投标文件的评审和比较、中标候选人的推荐情况以及与评标有关的其他情况。"《评标委员会和评标方法暂行规定》第十四条规定："评标委员会成员和与评标活动有关的工作人员不得透露对投标文件的评审和比较、中标候选人的推荐情况以及与评标有关的其他情况。前款所称与评标活动有关的工作人员，是指评标委员会成员以外的因参与评标监督工作或者事务性工作而知悉有关评标情况的所有人员。"因此，与评标有关的信息依法应当保密，除了行政监督部门处理投诉案件、行使行政监督职责等目的有权调取评标信息外，没有法律规定该信息可以向投标人提供。

本案例中，投诉人质疑案涉项目评标委员会评标结果的公正性，就提出要求公布全部详细评标资料，该主张于法无据，行政监督部门依法对投诉人的诉求不予支持。

【启示】

评标委员会成员和参与评标的有关工作人员在评审工作中应当遵守评审工作纪律，不得泄露评审文件、评审情况以及在评审中获悉的商业秘密，不得私自将相关评标资料带出评标场所。

二、投诉请求组织复评

【案例69】

招标投标投诉处理决定书

投诉人：×× 建设工程有限公司

被投诉人一：×× 水利工程服务站

被投诉人二：×× 工程咨询集团有限责任公司

1. 投诉人投诉事项及主张

投诉人认为 ×× 水利工程服务站对 ×× 水库除险加固工程招标投标活动评标以及质疑环节存在失职、浪费国家公共资源的情况。请求对本工程流标情况进行严查，如不合理则要求进行复评。

2. 调查认定的基本事实

2021 年 12 月 21 日，被投诉人二受被投诉人一委托，在 ×× 公共资源电子交易系统（××）上传本项目招标公告及电子招标文件。

2022 年 1 月 13 日，本项目评标委员会通过电子评标系统对投标单位上传的投标文件进行评审，评审结果为所有投标文件商务部分“价格指数权重表”填写不符合招标文件第八章“投标文件格式”第一节“商务部分格式”要求，形式评审不通过，本项目初审环节无合格投标文件。

2022 年 1 月 17 日，被投诉人一、被投诉人二依据电子招标评标报告在相关媒介发布本项目流标公告，公示流标原因：“因通过形式评审的投标人不足三家，故本项目流标，由招标人依法重新招标”。

投诉人于 2022 年 1 月 17 日向被投诉人一、被投诉人二提出质疑，被投诉人一、被投诉人二于 2022 年 1 月 19 日回复了质疑的问题。

本机关认为：

被投诉人一、被投诉人二按照电子招标文件“价格指数权重表”固定格式的备注，在专用合同条款的第 1.6.1 条和第 1.6.2 条约定了 8 种可调价格材料及其变值权重的允许范围，属于正常条款设定。投标人需按照备注要求填写表格内容。经复核本项目投标文件的“价格指数权重表”填写情况，评标委员会认定所有投标文件不符合招标文件第八章“投标文件格式”，形式评审不通过，符合招标文件评标办法第 2.1.1 条形式评审标准。

上述评标异常情况的发生是多方因素造成的：一是系统表格的局限性，投标人无法按格式规范完整填写 8 种可调价格材料内容，同时因系统文件转换问题，PDF 版招标文件格式存在与电子招标文件、投标文件不一致的地方。二是被投诉人一、被投诉人二以及各潜在投标人都未认真学习研究本项目招标文件，未在编制文件过程中、截标时间前及时反馈“价格指数权重表”填写问题，导致相关单位无法对电子系统进行及时调整完善。

被投诉人一、被投诉人二发布流标公告内容符合本项目电子招标评标报告，但不够具体、严谨，未对本次异常流标情况做进一步澄清；已在规定时间内对投诉人质疑的问题进行了回复。

综上所述，投诉人反映：“×× 水利工程服务站对 ×× 水库除险加固工程招标投标活动评标以及质疑环节存在失职、浪费国家公共资源”的情况不属实，本项目已上传的投标文件已不满足复评条件，需由被投诉人一重新组织招标。

3. 处理决定及依据

综上所述，根据《工程建设项目招标投标活动投诉处理办法》第二十条规定，本机关依法作出处理决定如下：驳回投诉人 ×× 建设工程有限公司提出的投诉，×× 水利工程服务站需对本项目异常流标情况做进一步澄清公示，并按程序重新组织招标。

【评析】

《招标投标法》第二十七条规定：“投标人应当按照招标文件的要求编制投标文件。投标文件应当对招标文件提出的实质性要求和条件作出响应。”现行招投标法律法规并未明确规定因投标文件格式、内容不符而被否决投标的情形，招标人可以在招标文件中自行规定。实践中，招标文件中通常会提供投标文件的格式规范，并要求投标人在编制投标文件时，应当按照招标文件给定的投标文件全部格式统一填写，逐项应答，不得有空项，不得自行删减招标文件给定的内容，不得调整格式内容。

本案例中，投标人未按招标文件要求的格式规范完整填写8种可调价格材料内容，评标委员会经评审，认定全部投标文件商务部分“价格指数权重表”填写不符合招标文件第八章“投标文件格式”第一节“商务部分格式”要求，形式评审不通过。根据《招标投标法》第四十二条规定，评标委员会经评审，认为所有投标都不符合招标文件要求的，可以否决所有投标。否决所有投标后，评标委员会应在评标报告中如实记载否决投标情况的原因。因此，投诉人的投诉主张缺乏事实根据或者法律依据，依法应予驳回。

【启示】

招标人编制投标文件时，可以将投标文件格式不符合要求作为否决投标条款，并应用醒目的方式予以标注，提醒投标人注意。

评标委员会应严格依据招标法律法规规定的法定否决投标条件和招标文件规定的约定否决投标条件进行评审，审慎采用否决所有投标的处理方式。否决所有投标的，应在评标报告如实记载否决投标情况及原因。

招标人或招标代理机构应当按照相关法律法规要求做好评标报告公示、否决投标理由告知等招标投标信息公示工作，避免后续引发争议。

三、投诉招标公告发布程序违法

【案例 70】

招标投标投诉处理决定书

投诉人：××

被投诉人一：××交通实业（集团）有限公司

被投诉人二：××旅游开发建设投资（集团）有限公司

1. 投诉事项及主张

投诉人××认为，被投诉人分别在××公共资源综合交易网 2021 年 1 月 25 日发布的 S104××镇改线工程、2021 年 1 月 26 日发布的 G75××高速××公路工程两份招标文件第 6 条“发布公告的媒介”规定：“本次招标公告同时在重庆市公共资源交易监督网、重庆綦江公共资源综合交易网和重庆市公共资源交易网（綦江区）上发布”，但通过在重庆市公共资源交易网（綦江区）查询发现并未发布任何信息。

2. 调查认定的基本事实

关于招标文件发布媒介的问题。两个项目的招标公告分别于 2021 年 1 月 25 日、1 月 26 日在 ×× 市公共资源交易监督网和 ×× 公共资源综合交易网公开发布，均可在上述网站查询。2020 年 6 月，我区公共资源交易监管改革后，×× 市公共资源交易网（×× 区）的网站域名发生改变，并于 6 月 28 日向社会公开发布变更信息，投诉人可通过新的网址查询招标信息。

3. 处理意见及依据

根据调查认定的基本事实，投诉人 ×× 的投诉缺乏事实根据和法律依据，经研究，本机关决定：根据《工程建设项目招标投标活动投诉处理办法》第二十条规定，驳回投诉人 ×× 的投诉。

【评析】

关于招标公告发布媒介的问题是案涉投诉内容之一。招标人应当依法发布招标公告，招标公告的内容和发布招标公告的媒介应当符合规定。《招标投标法》第十六条规定：“招标人采用公开招标方式的，应当发布招标公告。依法必须进行招标的项目的招标公告，应当通过国家指定的报刊、信息网络或者其他媒介发布。”《招标投标法实施条例》第十五条规定：“公开招标的项目，应当依照招标投标法和本条例的规定发布招标公告、编制招标文件……依法必须进行招标的项目的资格预审公告和招标公告，应当在国务院发展改革部门依法指定的媒介发布。在不同媒介发布的同一招标项目的资格预审公告或者招标公告的内容应当一致。指定媒介发布依法必须进行招标的项目的境内资格预审公告、招标公告，不得收取费用。”对于发布媒介，《招标公告和公示信息发布管理办法》第八条规定，依法必须招标项目的招标公告和公示信息应当在中国招标投标公共服务平台或项目所在地省级电子招标投标公共服务平台发布。还要求省级电子招标投标公共服务平台应当与中国招标投标公共服务平台对接，按规定同步交互招标公告和公示信息。

本案例中，经调查，两个项目的招标公告在 ×× 市公共资源交易监督网和 ×× 公共资源综合交易网公开发布，投标人均可在上述网站查询，符合信息发布相关规定。因此，投诉人的投诉事项缺乏事实根据或者法律依据，行政监督部门依法对投诉人的诉请不予支持。

【启示】

依法必须招标项目的资格预审公告、招标公告、中标候选人公示、中标结果公示等信息，除依法需要保密或者涉及商业秘密的内容外，应当按照公开透明、高效便捷、集中共享的原则及时通过媒体发布向社会公开。依法必须招标项目的招标公告和公示信息除在指定发布媒介发布外，招标人或其招标代理机构也可以同步在其他媒介公开，并确保内容一致。其他媒介可以依法全文转载依法必须招标项目的招标公告和公示信息，但不得改变其内容，同时必须注明信息来源。

四、投诉由原评标委员会复评不合法

招标投标投诉处理意见书

投诉人：××标识工程有限公司

被投诉人：项目评标委员会

投诉事项及主张：认为其与原评标委员会存在利害关系，复评不能由原评标委员会进行。要求重新组织无招标人代表参与的评标委员会，对本项目所有投标文件进行重新评审，或重新招标。

经查明，2017年10月16日招标人发布了××县第一人民医院迁建工程导医配套设施招标公告。经评审，××设计营造有限公司为中标候选人，××标识工程有限公司、××钣金有限公司和××标牌股份有限公司三家单位被否决投标。评标结果公示期为2017年11月21日至11月23日。

2017年11月29日，××标识工程有限公司提起投诉。2017年12月31日，省发展改革委根据《工程建设项目招标投标活动投诉处理办法》第二十条第（二）项、《招标投标法实施条例》第七十一条的规定，作出如下处理意见：投诉成立，责令改正。根据省发展改革委投诉处理意见，招标人于2018 年 1 月 16 日在省招标投标办公室监督下组织原评标委员会对认定的错误进行改正。经评审，×× 设计营造有限公司为中标候选人，×× 钣金有限公司和 ×× 标牌股份有限公司两家单位被否决投标。评标结果公示期为 2018 年 1 月 16 日至 1 月 19 日。

本机关认为，由招标人编制并公开发布的明确资格条件、合同条款、评标方法和投标文件响应格式的招标文件，是投标和评标的依据。省发展改革委是依据《招标投标法实施条例》第七十一条作出的投诉处理意见书，该法条规范的对象是评标委员会，故“责令改正”即为责令评标委员会改正。对于投诉问题，根据《工程建设项目招标投标活动投诉处理办法》第二十条第（一）项规定，作出如下处理意见：投诉缺乏事实根据和法律依据，驳回投诉。

【评析】

招标人应当依法组建评标委员会，评标委员会应当依法独立客观进行评审。如果有应当回避而不回避、擅离职守、不按照招标文件规定的评标标准和方法评标、私下接触投标人、向招标人征询确定中标人的意向、接受任何单位或者个人明示或者暗示提出的倾向或者排斥特定投标人的要求、对依法应当否决的投标不提出否决意见或暗示或者诱导投标人作出澄清、说明或者接受投标人主动提出的澄清、说明等不客观、不公正履行职务的行为的，根据《招标投标法实施条例》第七十一条规定，由有关行政监督部门责令改正，实际上就是责令原评标委员会改正，比如重新评审、重新推荐中标候选人。

本案例中，评标委员会是依法组建，不存在评标委员会各成员与各投标单位存在利害关系需要回避等情形，只是在评审过程中出现了错误被责令改正，招标人按要求组织复评，复评仍然由原评标委员会进行。因此，投诉人认为其与原评标委员会存在利害关系，复评不能由原评标委员会进行等主张缺乏事实根据或者法律依据，行政监督部门依法对投诉人的主张不予支持。

【启示】

招标人应当依法组建评标委员会。评标委员会成员应当履行评标权不得滥用、不得擅自转委托、勤勉谨慎三项义务，应当严格遵守评审工作纪律，按照依法、客观、公正、审慎的原则，根据招标文件规定的评标程序、评标方法和评标标准独立评审，客观、公正地对投标文件提出评审意见。评标委员会成员不得私下接触投标人，不得收受投标人给予的财物或者其他好处，不得向招标人征询确定中标人的意向，不得接受任何单位或者个人明示或者暗示提出的倾向或者排斥特定投标人的要求。如果有这些不客观、不公正履行职务的行为，行政监督部门可以责令其改正，包括认定原评标结果无效时要求重新进行评审。如果原评标委员会有集体受贿或其他原因不适宜重新评审的，可以责令招标人重新组建评标委员会评审。

五、投诉因招标人原因导致其电子投标文件不能开标

【案例 72】

招标投标投诉处理决定书

投诉人：×× 园林工程有限公司

被投诉人：×× 建设工程咨询有限公司（招标代理机构）

投诉人称，×× 东路改造工程道路绿化施工项目开标过程中，其公司的电子投标文件中的招标文件与该工程导入电子评标系统的招标文件不相符合，致使其公司电子标书无法正常打开。导致上述情况的主要原因是被投诉人工作落实不到位，对其在 ×× 建设工程交易中心重新发布的 ZBS 格式电子招标文件没有及时发布补充招标公告或者答疑等相关补充说明文件，致使其在不知情的情况下编制投标文件，从而无法正常开标。

我委查实：

（1）该项目于 2010 年 2 月 4 日发布招标公告，3 月 1 日

上午 11 时截止报名及收标书。旧版 ZBS 招标文件是 2010 年 2 月 3 日 17 时 28 分上传至交易中心，由于办理公告上网手续过程中被告知招标文件下载专区不能显示招标控制价公布函，需将招标控制价等内容填写在招标文件中投标人方能获知，因此被投诉人于 2 月 4 日早上修改招标文件并重新打包为新版 ZBS 招标文件后重新上传。

（2）××建设工程交易中心 2009 年 11 月 20 日发布的“关于电子招标文件及电子投标文件编制注意事项的提示”第二点“投标人特别注意事项”中，已经提醒各投标人必须密切留意交易中心网站发布的项目的招标文件版本是否有更新，如有更新时须按最新发布的招标文件版本编制投标文件，否则会导致投标文件无法导入评标系统。

综上所述，我委认为，认定因被投诉人工作落实不到位，而导致投诉人投标文件无法正常开标依据不足。根据《工程建设项目招标投标活动投诉处理办法》第二十条第（一）项的规定，驳回该投诉。

【评析】

《招标投标法》第二十七条规定：“投标人应当按照招标文件的要求编制投标文件。投标文件应当对招标文件提出的实质性要求和条件作出响应。”《电子招标投标办法》第二十二条规定：“招标人对资格预审文件、招标文件进行澄清或者修改的，应当通过电子招标投标交易平台以醒目的方式公告澄清或者修改的内容，并以有效方式通知所有已下载资格预审文件或者招标文件的潜在投标人。”招标人发布招标文件之后，可能对其进行澄清、修改，该澄清、修改内容应向获取招标文件的潜在投标人提供，也构成招标文件的组成部分。投标人对该澄清、修改内容也必须进行响应。

本案例中，交易中心网站上发布的“关于电子招标文件及电子投标文件编制注意事项的提示”第二点“投标人特别注意事项”中，已经有关于各投标人必须密切留意交易中心网站发布的项目的招标文件版本是否有更新，如有更新时须按最新发布的招标文件版本编制投标文件，否则会导致投标文件无法导入评标系统的提醒，各潜在投标人对此应已知晓，而案涉投诉人作为投标人自身未注意相关公告内容，导致其编制的文件与新版 ZBS 招标文件不符导致开标时无法打开，导致投标失败，应由其自行承担后果。

【启示】

投标人应当按照招标文件的要求编制投标文件。投标文件应当对招标文件提出的实质性要求和条件作出响应。特别是在电子投标的情形下，投标人应当通过电子招标投标交易平台递交数据电文形式的资格预审申请文件或者投标文件，投标人更应详细查看招标公告、招标文件以及有无修改、更新等信息，确保编制的电子投标文件符合招标文件要求并有效提交。否则，因投标人原因造成投标文件未解密的，视为撤销其投标文件，投标人可能因此承担投标失败的不利后果。

六、投诉公示中标候选人信息内容不全

【案例73】

招标投标投诉处理结果公告

投诉人：×× 建设工程有限公司

被投诉人：×× 水务有限公司、×× 市政工程有限公司

投诉人参加了“×× 至 ×× 高速公路、×× 大道改扩建供水管线迁改工程”投标后，向招标人 ×× 水务有限公司、×× 市政工程有限公司提出异议，反映被投诉人公示中标候选人内容中并未公示中标候选人响应招标文件要求的投标文件商务部分文件的所有内容（包括人员、业绩、奖项等资料），违反了《×× 市属水务工程建设项目招标投标管理工作指引（试行）》第四十四条等有关规定，投诉人对招标人答复不满，提起投诉。本机关予以受理。

经调查，招标人于7月8日在 ×× 公共资源交易中心网页“投标（资格预审申请）文件公开”栏中，发布了本项目三名中标候选人的投标文件打包文件，里面包含投标文件商务部分文件相关内容（包括人员、业绩、奖项等资料，报价清单、施工方案等涉及商业秘密的内容除外）。因此，本投诉缺乏事实和法律依据，依据《工程建设项目招标投标活动投诉处理办法》第二十条第（一）项的规定，我局对投诉人投诉事项予以驳回。

【评析】

根据《招标投标法实施条例》第五十四条规定，依法必须进行招标的项目，招标人应当自收到评标报告之日起3日内公示中标候选人，公示期不得少于3日。该条款确立了中标候选人公示制度，有助于投标人监督招标人是否公开、公平、公正地进行招标投标活动，招标人也可以借投标人监督检举中标候选人的机会，更准确地评判中标候选人是否具有承担招标项目的能力。就中标候选人应公示的具体内容，《招标公告和公示信息发布管理办法》第六条作出了详细规定，包括：（一）中标候选人排序、名称、投标报价、质量、工期（交货期），以及评标情况。（二）中标候选人按照招标文件要求承诺的项目负责人姓名及其相关证书名称和编号。（三）中标候选人响应招标文件要求的资格能力条件。（四）提出异议的渠道和方式。（五）招标文件规定公示的其他内容。其中，关于"中标候选人响应招标文件要求的资格能力条件"具体包括哪些文件，立法并未作出统一规定，应视具体招标项目要求而定，不能简单理解为投标文件商务部分文件的所有内容。

本案例中，招标人已经按照法定程序、内容要求公示中标候选人信息，符合《招标投标法实施条例》《招标公告和公示信息发布管理办法》的要求。因此，投诉人的投诉事项缺乏事实和法律依据，根据《工程建设项目招标投标活动投诉处理办法》第二十条第（一）项的规定，行政监督部门依法驳回投诉。

【启示】

对于依法必须进行招标的项目，除依法需要保密或涉及商业秘密的内容外，招标人应按照《招标投标法实施条例》《招标公告和公示信息发布管理办法》等规定的公示期限、媒介、内容，依法向社会公开中标候选人。对于其他招标项目，招标人可基于提高招标投标活动透明度、接受社会监督的角度出发自愿公开。在中标候选人公示期间有关评标结果的异议成立的，招标人应当组织原评标委员会对有关问题予以纠正。

七、投诉招标人不告知否决投标原因

【案例74】

招标投标投诉处理决定书

投诉人：×× 建筑设计（厦门）有限公司

被投诉人：评标委员会

投诉人认为：

（1）其 ×× 数据中心勘察设计项目投标文件被评标委员会否决投标，但经其自查，未发现投标文件存在与招标文件列明的否决投标条款相符合之处。

（2）招标代理机构没有告知其投标文件被否决投标的原因。

我委查明：

（1）投诉人在投标文件勘察部分文本第 7 页“拟委派本项目的主要技术人员一览表”中，注明其拟委派人员不同程度参与“×× 项目支持服务车间”等 11 个工程项目。评标委员会以投诉人投标文件的上述内容以及投标文件规定的否决投标条件，即 4.1.3b 款“投标人在投标文件内标注名称、印章、商标等记认符号，使人辨认出投标人或其他专业技术人员的身份”的规定，评定投诉人的投标文件为无效投标。

（2）投诉人要求招标代理机构告知否决投标理由，招标代理机构未答复。

我委认为：

（1）该项目评标委员会对投诉人的投标文件评定为无效投标，符合招标文件规定。

（2）招标代理机构在投诉人要求告知否决投标原因后未答复，不符合《广东省实施〈中华人民共和国招标投标法〉办法》的规定。

综上所述，我委决定：根据《广东省实施〈中华人民共和国招标投标法〉办法》的规定，责成招标代理机构告知投诉人否决投标的原因；根据《工程建设项目招标投标活动投诉处理办法》第二十条第（一）项的规定，驳回投诉人其他诉求。

【评析】

否决投标，一般是指评标委员会对违反法律规定或者未对招标文件提出的实质性要求和条件作出响应的投标文件，不再予以进一步评审，投标人失去中标资格的决定。《招标投标法实施条例》第五十一条、《评标委员会和评标方法暂行规定》第二十条至第二十五条规定了否决投标的情形。《评标委员会和评标方法暂行规定》第四十二条："评标报告应当如实记载以下内容：……（五）否决投标的情况说明……"但至于招标人或招标代理机构在否决投标后是否应向相关投标人告知否决投标的原因，《招标投标法》及《招标投标法实施条例》并未作出统一规定，各地的规定也有所不同，按当地规定执行。

本案例中，招标人采用了暗标评审的评审标准和方法，即对投标文件的部分评审因素进行匿名评审，评审时必须保证不能明示或暗示投标人信息。同时，招标人在招标文件中明确规定了若"投标人在投标文件内标注名称、印章、商标等记认符号，使人辨认出投标人或其他专业技术人员的身份"，则评定投诉人的投标文件为无效投标。而投诉人在投标文件"拟委派本项目的主要技术人员一览表"中注明其拟委派人员不同程度参与"××项目支持服务车间"等11个工程项目，使评标委员会成员辨认出投标人及其他专业技术人员的身份，违反了暗标评审的要求，故评标委员会否决其投标符合招标文件规定。同时，依据《广东省实施〈中华人民共和国招标投标法〉办法》第二十七条规定，招标代理机构应告知投诉人否决投标的原因，故案涉投诉人要求招标代理机构告知否决投标理由的诉请具有法律依据。

【启示】

评标委员会在评标时应严格依据招标法律法规规定的法定否决投标条件和招标文件规定的约定否决投标条件客观、公正地作出否决投标决定，并在评标报告中载明否决投标情况。

招标人或招标代理机构应当按照相关法律法规要求做好评标报告公示、否决投标理由告知等招标投标信息公示工作。

八、投诉招标人重新招标违法

【案例 75】

招标投标投诉处理决定书

投诉人：×× 制造厂有限公司

被投诉人：×× 轨道交通有限公司（招标人）

投诉事项及主张：×× 轨道交通有限公司单方解除与我司签订的《×× 市域轨道交通工程供电系统接触轨及其附件 01 标段采购合同》（以下简称《采购合同》），在我司对解除《采购合同》有异议的情况下，发布“×× 市域轨道交通工程供电系统接触轨及其附件 01 标段（重新招标）01、02 包”招标公告。×× 轨道公司的上述行为违反了相关法律法规规定。要求招标人停止重新招标行为。

现查明：

（1）×× 市域轨道交通工程招标人于 2019 年 1 月 3 日发布中标结果公告，确定 ×× 公司为中标人，并于 2020 年 10 月 13 日与其签订了《采购合同》。

招标人于“2021 年 10 月 11 日向 ×× 公司发出《关于终止接触轨及其附件 01 标段采购合同的函》，解除了本《采购合同》”，并同时启动重新招标。2021 年 10 月 29 日招标人发布了“×× 市域轨道交通工程供电系统接触轨及其附件 01 标段（重新招标）01、02 包”招标公告，投标截止时间为 2021 年 11 月 23 日。投诉人分别于 2021 年 11 月 1 日、2 日、3 日向招标人（招标代理）提出异议，后因不满意招标人 11 月 5 日作出的答复，于 11 月 22 日通过电子交易平台向省行政监督部门提出投诉。

（2）×× 市域轨道交通工程供电系统接触轨及其附件 01 标段供货范围为 ×× 段双线长 75.315km 接触轨主材及相关附件，×× 公司已供货 31.6km，剩余 43.715km 未供货。

（3）2021 年 10 月 11 日，招标人以“×× 公司的交货行为已构成合同违约”为由，向 ×× 公司发出《关于终止接触轨及其附件 01 标段采购合同的函》，告知 ×× 公司终止双方货物采购合同。×× 公司于 2021 年 10 月 13 日收到该告知函。

（4）×× 公司于 2021 年 11 月 1 日向 ×× 仲裁委员会提出仲裁申请，其中有一项请求解除《采购合同》。

本机关认为，投诉人投诉主张缺乏招标投标相关法律法规依据。根据《工程建设项目招标投标活动投诉处理办法》第二十条规定，作出如下处理意见：驳回投诉。

【评析】

《招标投标法》第四十八条规定："中标人应当按照合同约定履行义务，完成中标项目。"不管是招标人还是中标人，在合同订立之后都应当全面诚信履行合同。当一方当事人违约时，另一方可根据《民法典》第五百六十三条"有下列情形之一的，当事人可以解除合同：……（二）在履行期限届满前，当事人一方明确表示或者以自己的行为表明不履行主要债务。（三）当事人一方迟延履行主要债务，经催告后在合理期限内仍未履行……"的规定或者合同的约定，解除合同。对于合同解除后是否应重新招标确定新的中标人，相关法律法规对此没有进行专门规定，招标人可以根据合同剩余未履行部分是否属于法定必须招标的项目进行判断。如按法律规定属于必须招标的项目，尽管之前项目已经进行过一次招标，但由于原中标人因合同解除已经丧失了继续履行合同的资格，因此新的中标人仍需通过招标方式确定。如剩余未履行部分未达到法定必须招标的条件和规模的，招标人可自行决定是否重新招标。

本案例中，中标人与招标人签订《采购合同》后，仅交付了部分货物，后又表示如招标人不批准调价申请的情况下将无法继续履行合同。据此，招标人根据《民法典》第五百六十三条规定，有权单方通知中标人解除合同。解除合同后，招标人重新组织招标活动并不违反法律规定。投诉人的主张缺乏法律依据和事实依据。

【启示】

招标人在与中标人签订合同后，应密切跟踪合同履约情况。如发现中标人存在迟延履行、履行不能等情况，应及时催告对方履行，要求对方承担相应的违约责任。如具备单方解除合同条件的，可及时通知对方解除合同。

合同解除后，若合同剩余未履行部分属于法定必须招标的范围，招标人应组织重新招标。若剩余未履行部分未达到法定必须招标的条件，招标人可自行决定是否重新招标。

九、投诉招标人不应组织招标

【案例 76】

招标投标活动投诉处理决定书

投诉人：×× 电子工程有限公司

被投诉人：×× 县卫生健康局

投诉人的投诉事项及主张：“×× 县医院一期智能化设备采购与安装项目”招标与 2016 年 12 月 7 日 ×× 县医院（一期）智能化工程招标文件内容几乎一样，仅运维系统及养老院区集成及迁移不在已签订合同内，要求予以暂停此次招标投标活动。

经核查，该项目在县发展改革委初设批复中明确将弱电工程分为一标：综合布线、监控等，二标：交换机服务器等设备。2016年12月7日××县医院（一期）智能化工程招标的为一标综合布线等部分，此次招标的项目为二标设备部分。

依据《招标投标法实施条例》第九条第四款规定："需要向原中标人采购工程、货物或者服务，否则将影响施工或者功能配套要求"的，可以不进行招标，不是不能进行招标。

现招标人将该项目二标另行公开招标，没有违背该法律条款要求，投诉不成立。

【评析】

《招标投标法》第十九条第三款规定："招标项目需要划分标段、确定工期的，招标人应当合理划分标段、确定工期，并在招标文件中载明。"在招标活动中，招标人可以依据招标项目的特点、规模和专业的复杂程度、技术要求、潜在投标人状况、自身的管理能力等因素将一项工程、服务或货物招标项目分成几个单独标来招标。本案例中，招标人根据××县发展改革委初设批复将弱电工程分为一标：综合布线、监控等，二标：交换机服务器等设备。一标综合布线等部分已招标。《招标投标法实施条例》第九条规定："除招标投标法第六十六条规定的可以不进行招标的特殊情况外，有下列情形之一的，可以不进行招标：……（四）需要向原中标人采购工程、货物或者服务，否则将影响施工或者功能配套要求……”“可以不进行招标”并不意味着招标人不能自主选择采用招标方式进行采购。因此，招标人将该项目二标另行公开招标，不违背招标投标相关法律法规，投诉人的投诉主张缺乏事实根据和法律依据，依法应予以驳回。

【启示】

招标人将一个项目划分为多个标段（包）进行招标的，应确保标段（包）划分合理，既要满足招标项目技术、管理需要，又要符合招标投标相关法律法规，并在投标文件中明确载明，以便潜在投标人选择可投标段（包）和投标报价。

对于不属于强制招标项目范围内的采购项目以及可以不进行招标的项目，采购人可以根据市场竞争状态、项目特点、采购目标等因素自主决定是否采用招标方式采购。如果采购人选择以招标方式采购的，应当遵照《招标投标法》的规定执行。

十、投诉资格预审委员会未按照资格预审文件进行评审

【案例77】

招标投标投诉处理决定书

投诉人：××弱电电子系统工程有限公司

被投诉人（业主）：××市文化局

项目代建单位：××工程总承包集团有限公司

××新图书馆项目智能化系统工程施工专业承包招标项目投诉人对被投诉人以“类似业绩合同承包内容为4所学校的安全防范系统，而验收报告只有1所学校通过资格审查”，不通过其资格审查的理由提出投诉。

投诉人认为：

（1）其在资格预审申请文件提交的业绩资料，满足资格预审公告要求。

（2）资格预审委员会组织方式存在问题。

经查：

（1）投诉人在其资格审查资料中，附有“××大学城建设项目各校区安全防范系统（A标）”的类似业绩。其中3个校区的安全防范系统于2006年12月31日前完成竣工验收工作，××大学校区安全防范系统于2007年1月1日后完成验收工作。

（2）该项目资格预审公告第九条“投标人合格条件”载明下列内容：1）第4点规定“投标人具有承接本工程所需的①建设行政主管部门核发的建筑智能化工程设计与施工一级资质，或②具有建设行政主管部门核发的建筑智能化工程专业承包一级资质”。2）第7点规定“投标人自2007年1月1日至今在××地区完成过质量合格的类似工程业绩（类似工程是指第4点所述资质级别的低一个等级方能承接的工程）。需同时提供中标通知书、施工合同、竣工验收报告或竣工验收证明（造价以中标通知书为准）。如以上资料不能证明业绩规模的技术指标（指面积、高度、跨度、管径等）的，须另提供可证明业绩技术指标的其他资料”。

（3）投诉人在资格预审申请文件中，附有“建筑智能化工程设计与施工一级”资质证书复印件。

（4）本项目资格预审委员会组成方式符合××市相关规定。

综上所述，我委认为：投诉人在资格审查资料中提交的“××大学城建设项目各校区安全防范系统（A标）”××大学校区业绩，满足资格预审公告的类似业绩要求。招标人没有以资格预审公告中载明的资格条件对投诉人进行资格审查，违反了《工程建设项目施工招标投标办法》第十八条的规定。

我委决定：根据《工程建设项目施工招标投标办法》第十八条和《招标投标法》第五十一条的规定，责令被投诉人（××市文化局）、××工程总承包集团有限公司，依法纠正资格预审中存在的问题。

【评析】

投标资格条件是招标公告、资格预审公告和资格预审文件或招标文件中的核心内容，是资格审查的主要评审因素。《招标投标法实施条例》第十八条规定：“资格预审应当按照资格预审文件载明的标准和方法进行。”《工程建设项目施工招标投标办法》第十八条规定：“……采取资格预审的，招标人应当在资格预审文件中载明资格预审的条件、标准和方法……招标

人不得改变载明的资格条件或者以没有载明的资格条件对潜在投标人或者投标人进行资格审查。”本案例中，该项目资格预审公告第九条第 7 点要求“投标人自 2007 年 1 月 1 日至今在 ×× 地区完成过质量合格的类似工程业绩。需同时提供中标通知书、施工合同、竣工验收报告或竣工验收证明（造价以中标通知书为准）”。投诉人在资格审查资料中提交的“×× 大学城建设项目各校区安全防范系统（A 标）”业绩，其中 ×× 大学校区安全防范系统满足招标公告的类似业绩要求。招标人没有以招标公告中载明的资格条件对投诉人进行资格审查，违反了《工程建设项目施工招标投标办法》第十八条和《招标投标法》第五十一条的规定，故投诉人的投诉主张成立。

【启示】

在进行资格审查时，资格审查委员会应严格按照资格预审文件载明的条件、标准和方法，确保资格预审的公正性和公平性。

十一、投诉招标公告补充内容发布程序违法

【案例 78】

招标投标投诉处理决定书

投诉人：×× 总装饰工程工业有限公司

被投诉人（招标人）：×× 对外贸易中心（集团）

本项目（××酒店室内装修工程施工专业承包项目）招标人（投诉人）对被投诉人以“提供资格预审文件资料不符合招标公告第九条第8款及补充公告第二条的要求”，不通过其三个标段的资格审查的理由提出投诉。其认为，××酒店室内装修工程施工专业承包项目招标补充公告（以下简称补充公告）的发布未按招标文件范本执行。

经查：招标人于2010年1月18日在××建设工程交易中心网上发布该项目招标公告。三个标段招标公告第九条中关于“投标人合格条件”规定完全一致，“投标人合格条件”第8点规定“投标人已按照附件三的内容签署盖章的投标申请人声明”。2010年1月21日，招标人在××建设工程交易中心网上分别发布三个标段的补充公告，内容一致。补充公告第二条将招标公告附件三《投标申请人声明》第五条内容修改为“本公司及其有隶属关系的机构没有参加本项目的设计、前期工作、招标文件编写、监理工作；本公司与承担本招标项目监理业务的单位、项目建设管理单位没有隶属关系或其他利害关系”。投诉人在该项目资格审查文件中《投标人申请声明》第五条内容为“本公司及其有隶属关系的机构没有参加本项目设计、前期工作、招标文件编写、监理工作；本公司与承担本招标项目监理业务的单位没有隶属关系或其他利害关系”。投诉人声明的内容不符合招标补充公告第（1）条的规定。

我委认为，招标人以在网上发布补充公告的形式对招标公告相关内容进行修改，没有违反招标文件范本。投诉人在资格审查文件中的《投标申请人声明》的内容与招标公告（含补充公告）的规定的内容不一致，招标人以此作为不通过投诉人资格审查的理由，符合招标公告和相关法律法规的规定。

我委决定，根据《工程建设项目招标投标活动投诉处理办法》第二十条第（一）项的规定，驳回投诉人的诉求。

【评析】

招标人可以对已发布的招标公告进行修改，对招标公告中的错误、遗漏、词义表达不清事项进行补充、修改。本案例中，招标人于2010年1月18日在××建设工程交易中心网上分别发布项目招标公告，并于2010年1月21日以在网上发布补充公告的形式对招标公告附件三《投标申请人声明》第五条内容进行修改，修改的内容已经成为招标公告的组成部分。投诉人在资格审查文件中的《投标申请人声明》的内容与招标公告（含补充公告）规定的内容不一致，招标人以此作为不通过投诉人资格审查的理由，符合招标公告和相关法律法规的规定。

【启示】

招标人对招标公告的修改必须采用书面形式。实行电子招标的，招标人应通过电子招标投标交易平台以醒目的方式公告澄清或修改的内容。

十二、投诉中标候选人公示期不合法

【案例79】

招标投标投诉处理决定书

投诉人：×× 建装股份有限公司

被投诉人：×× 建设管理发展有限责任公司

招标人：×× 置业有限公司

招标人 ×× 置业有限公司委托被投诉人 ×× 建设管理发展有限责任公司代理招标的 ×× 信息产业园（一期）幕墙及雨篷工程施工项目于 2020 年 11 月 12 日在 ×× 市公共资源交易中心组织评标，于 2020 年 11 月 13 日在 ×× 市公共资源交易平台发布了《中标候选人公示》。

中标候选人公示期内，投标人 ×× 建装股份有限公司提出异议，招标人及被投诉人于 2020 年 11 月 19 日组织评标委员会进行了复议，复议改变了评标结果，重新推荐了中标候选人，并于 2020 年 11 月 20 日在 ×× 市公共资源交易平台进行了公示。

2020 年 11 月 23 日，投诉人向招标人提交了关于第一中标候选人"×× 装饰有限公司存在不良信用问题"的异议函。招标人及被投诉人于 2020 年 12 月 1 日再次组织评标委员会进行了复议，复议再次改变了评标结果，重新推荐了中标候选人，并于 2020 年 12 月 2 日在 ×× 市公共资源交易平台进行了公示。

招标人及被投诉人于 2020 年 12 月 7 日在 ×× 市公共资源交易平台发布了中标公告，确定投诉人 ×× 建装股份有限公司为中标人。

招标人及被投诉人于 2020 年 12 月 15 日在洛阳市公共资源交易平台发布《招标异常公告》，明确经核实第一中标候选人和第二中标候选人的投标文件有关承诺不一致，按中标无效处理，本次招标流标。

1. 投诉人的投诉事项及主张

投诉人认为，被投诉人于 2020 年 11 月 13 日发布的中标候选人公示（投诉人为第一中标候选人）的公示期为 7 日（2020 年 11 月 12 日至 2020 年 11 月 18 日），于 2020 年 11 月 20 日发布的中标候选人公示（×× 装饰有限公司为第一中标候选人）的公示期为 3 日，其中有 2 日为非工作日，两次公示的公示期标准不一致，存在有意压缩公示期的嫌疑，有失公平。

请求及主张：请求维护投诉人为该工程合法中标人的权益。

2. 调查认定的基本事实

被投诉人于 2020 年 11 月 20 日发布的《中标候选人公示》（×× 装饰有限公司为第一中标候选人）中明确“投标人或者其他利害关系人对本结果有异议的，在 3 日内以书面形式向招标人或招标代理机构提出异议函”，符合《招标投标法实施条例》第五十四条“依法必须进行招标的项目，招标人应当自收到评标报告之日起3日内公示中标候选人，公示期不得少于3日”的规定。

3. 处理意见

综上所述，评标委员会未按照招标文件规定进行评审，违反《招标投标法》第四十条的规定，根据《招标投标法》第六十四条和《招标投标法实施条例》第七十一条、第八十一条的规定，本机关决定如下：招标人××置业有限公司发布的《中标公告》和《招标异常公告》无效，由招标人组织评标委员会重新评标，对评审中的错误予以纠正。

【评析】

《招标投标法实施条例》第五十四条规定，依法必须进行招标的项目，招标人应当自收到评标报告之日起3日内公示中标候选人，公示期不得少于3日。投标人或者其他利害关系人对依法必须进行招标的项目的评标结果有异议的，应当在中标候选人公示期间提出。招标人应当自收到异议之日起3日内作出答复；作出答复前，应当暂停招标投标活动。该条款仅要求依法必须进行的招标的项目必须公示中标候选人；对于非依法必须进行招标的项目，可以由招标人自主决定是否公示中标候选人。而且，这里规定的中标候选人公示期“不得少于3日”，是按照自然日计算而非按照工作日计算，不排除法定节假日。

本案例中，被投诉人第一次发布的中标候选人公示期为

5日，第二次发布的中标候选人公示期为3日，均符合《招标投标法实施条例》第五十四条关于依法必须进行招标的项目中标候选人公示期不得少于3日的规定。因此，投诉人关于中标候选人公示期不符合法律规定的主张缺乏法律依据。

【启示】

依法必须进行招标的项目，必须公示中标候选人，且公示期不得少于3日；对于非依法必须进行招标的项目，是否公示中标候选人，由招标人自主决定。

十三、投诉中标候选人公示信息不完整

【案例80】

招标投标投诉处理意见

投诉人：××路桥建设集团有限公司

被投诉人：评标委员会

招标人：××建设有限公司

投诉事项及主张：××国道××段改建工程设计施工总承包第××标段（复评）项目中标候选人公示信息不完整，不符合招标文件要求。投诉人要求招标人予以改正。

现查明：中交×公局投标文件投标人第二信封的报价函及报价函（补充）中均显示有投标报价。查询××国道××段改建工程设计施工总承包第××标段（复评）中标

候选人公示，中交 × 公局公示结果未显示“投标报价”信息。

本机关认为：招标人或其招标代理机构应当对其提供的招标公告和公示信息的真实性、准确性、合法性负责。中交 × 公局投标文件投标人第二信封的报价函及报价函（补充）中均显示有投标报价，但 ×× 国道 ×× 段改建工程设计施工总承包第 ×× 标段（复评）中标候选人公示中未显示投标报价。

根据《工程建设项目招标投标活动投诉处理办法》第二十条的规定，作出如下处理决定：×× 国道 ×× 段改建工程设计施工总承包第 ×× 标段（复评）中标候选人公示中未显示投标报价信息，是招标人信息公示的遗漏行为，根据《招标公告和公示信息发布管理办法》第十九条第一款第（四）项的规定，责令招标人及其招标代理机构改正。

【评析】

《招标公告和公示信息发布管理办法》第六条规定了依法必须招标项目的中标候选人公示制度。也就是说，对于依法必须招标的项目来说，应当公示中标候选人信息。招标人或其招标代理机构招标公告和公示信息内容不符合法律法规规定的，潜在投标人或者投标人可以要求招标人或其招标代理机构予以澄清、改正、补充或调整。招标人或招标代理机构应当认真核查，及时处理，并将处理结果告知提出意见的潜在投标人或者投标人。

本案例中，中标候选人公示中未显示投标报价信息，是“因故意或重大过失导致发布的招标公告和公示信息发生遗漏、错误”的行为，根据《招标公告和公示信息发布管理办法》第十九条第一款第（四）项的规定，由相应的省级以上发展改革部门责令招标人及其招标代理机构改正。

【启示】

依法必须招标项目的中标候选人公示应当载明以下内容：

（1）中标候选人排序、名称、投标报价、质量、工期（交货期），以及评标情况。

（2）中标候选人按照招标文件要求承诺的项目负责人姓名及其相关证书名称和编号。

（3）中标候选人响应招标文件要求的资格能力条件。

（4）提出异议的渠道和方式。

（5）招标文件规定公示的其他内容。依法必须招标项目的中标结果公示应当载明中标人名称。对于非依法必须招标项目而言，是否公示由招标人自主决定。

第三章

实体篇

“没有救济，就没有权利。”——法谚

第一节　投诉招标公告、招标文件内容不合法

一、投诉招标公告设定的业绩条件不合理

【案例81】

招标投标投诉处理决定书

投诉人：×× 交通工程有限公司

被投诉人一：×× 市中心区交通项目领导小组办公室

被投诉人二：×× 工程管理有限公司

投诉人认为：×× 市中心城区道路交通指路标志系统改善工程（一标段、二标段）项目招标公告中要求合格投标人须具备2008年3月1日至今独立完成过单项工程中标额不低于390万元质量合格的类似工程业绩的年限、规模不合理、不公平。投诉人要求被投诉人修改招标公告。

经查，该项目的预计发包价为：第一标段1375.19万元；第二标段1184.53万元。该项目的招标公告第九条投标人合格条件中的第3点规定，投标人具有承接本工程所需的交通产

品生产能力（必须有相关产品合格证书）；第 5 点规定，投标人自 2008 年 3 月 1 日至今在 ×× 地区独立完成过单项工程中标额不低于 390 万元质量合格的类似工程业绩（类似工程是指第 3 点所述方能承接的工程）。需同时提供中标通知书或免招标的相关证明、施工合同、竣工验收报告或竣工验收证明（造价以中标通知书为准）。

根据《招标投标法》的规定，我委认为，目前认定被投诉人以不合理的条件限制或者排斥潜在投标人，对投标人实行歧视待遇缺乏依据。

综上所述，根据《工程建设项目招标投标活动投诉处理办法》第二十条第（一）款的规定，我委决定，驳回投诉人的诉求。

【评析】

招标公告是招标人以公告方式邀请不特定的法人或者其他组织参加投标的意思表示，实质就是招标信息广告，是要约邀请。《招标公告和公示信息发布管理办法》（国家发改委令第 10 号）第五条规定："依法必须招标项目的资格预审公告和招标公告，应当载明以下内容：（一）招标项目名称、内容、范围、规模、资金来源；（二）投标资格能力要求，以及是否接受联合体投标；（三）获取资格预审文件或招标文件的时间、方式；（四）递交资格预审文件或投标文件的截止时间、方式；（五）招标人及其招标代理机构的名称、地址、联系人及联系方式;（六）采用电子招标投标方式的，潜在投标人访问电子招标投标交易平台的网址和方法;（七）其他依法应当载明的内容。”《工程建设项目施工招标投标办法》等规章也有相应规定。其中，允许在对投标人的资格条件中合理设置业绩要求，不得设置过高的业绩要求对潜在投标人实行不合理的限制或排斥。现行法律对于如何设定投标人的业绩条件并无具体的规定，设定多少业绩合适，完全取决于本行业竞争态势和招标人的意愿。最基本的一条标准，就是要保证合理性竞争。

在上述案例中，投诉人以招标公告要求合格投标人须具备的工程业绩的年限、规模不合理为由投诉。但是结合案涉项目特点来看，项目本身规模较大，招标人据此要求投标人应具备同类项目业绩规模，且该规模已接近招标项目本身经济规模的 1/3，行政监督部门认定该要求合理，故最后认定投诉缺乏依据。

【启示】

招标人可以根据招标项目本身的要求，在招标公告中要求潜在投标人提供有关资格证明文件和业绩情况，并对潜在投标人进行资格审查。但是本着公平、公正的原则，具体的资格条件不得以不合理的条件限制或者排斥潜在投标人，不得对潜在投标人实行歧视待遇。

招标文件中设定业绩条件，业绩期限一般要求项目已执行完毕，并要求提供项目验收报告等作为证明材料，明确起止时间，如“2022 年 1 月 1 日至本项目开标之日”。不能有特定地域及行业的业绩限定。招标文件一般规定要求投标人提供与招标项目类似项目（同类工程）的业绩，类似项目（同类工程）一般是指与招标项目在项目性质、项目规模、使用功能、技术复杂性等方面相同或相近的项目。

二、投诉招标文件中评分条款不合法

【案例 82】

招标投标投诉处理决定书

投诉人：×× 信息科技有限公司

被投诉人一：×× 市 ×× 灌区工程管理处

被投诉人二：×× 工程咨询有限公司

1. 投诉人投诉事项及主张

×× 市 ×× 灌区综合水价改革试点项目Ⅱ标段（以下简称本项目）投诉人认为招标文件中的许多评分条件是为 ×× 水务科技有限公司中标量身定做的。要求被投诉人一对本项目进行延期，并要求被投诉人二修改招标文件中不当条款。

2. 调查认定的基本事实

（1）评分条款“信息化项目经理近三年（本项目投标截止日期前 36 个月内，下同）获得过省级及以上水利水电工程建设优秀项目荣誉称号的，得10分；承建的大型灌区项目近三年获得过省级及以上水利水电工程优质奖的，得10分”是根据本项目特点及需要，为保证项目实施质量，证明投标人具备相应履约能力而设定的加分项。所列水利行业奖项及业绩要求具有通用性，且非投标、中标条件，不属于“将特定行政区域、特定行业的业绩、奖项为投标条件、加分条件、中标条件；将政府部门、行业协会商会或者其他机构对投标人作出的荣誉奖励和慈善公益证明等作为投标条件、中标条件”整治内容范围。

（2）本项目招标投标活动适用法律为《招标投标法》。评分条款“投标人（联合体投标的，特指牵头人）近五年（本项目投标截止日期前60个月内，下同）（以合同协议书签订的日期为准）完成大型灌区水利信息化项目业绩的，每个得10分，最高得50分。投标人（联合体投标的，联合体各方均可）近五年承接过大型灌区总承包项目（含DB、PC、EPC）的，得10分”是根据本项目特点及需要，为保证项目实施质量，证明投标人具备相应履约能力而设定的加分项，与投标资格的业绩要求并不冲突，未违反相关适用法律法规。

（3）截至2019年12月6日，本项目仍在招标文件公示及投标报名阶段，潜在投标人的报名情况属于保密信息。投诉人是凭借主观猜测××水务科技有限公司为本项目的投标人，且招标文件是专门为其编制的。

本机关认为：截至2019年12月11日，网上公示的本项目招标文件相关条款符合《工程项目招标投标领域营商环境专项整治工作方案》的规定。投诉人主张调查 ×× 水务科技有限公司无事实依据。

3. 处理决定及依据

综上所述，根据《工程建设项目招标投标活动投诉处理办法》第二十条规定，本机关依法作出处理决定如下：驳回投诉人 ×× 信息科技有限公司提出的投诉，×× 市 ×× 灌区综合水价改革试点项目Ⅱ标段招标投标活动按程序继续进行。

【评析】

根据《招标投标法实施条例》第三十二条规定，招标人不得以不合理的条件限制、排斥潜在投标人或者投标人。比如设定的资格、技术、商务条件与招标项目的具体特点和实际需要不相适应或者与合同履行无关；依法必须进行招标的项目以特定行政区域或者特定行业的业绩、奖项作为加分条件或者中标条件等情形。该规定的禁止情形包括对于评标标准、评分细则也应当合理，应当以符合项目具体特点和满足实际需要为限度审慎设置，不得将特定行政区域、特定行业的业绩、奖项作为加分条件，不得为某投标人量身定做，不得通过设置不合理条件排斥或者限制潜在投标人。

本案例中，投诉人认为案涉项目的招标文件中部分评分条件设置不合理，质疑该条款是为某潜在投标人量身定做，遂在招标文件公示期间提出异议、投诉。经行政监督部门调查，案例中所涉评分条件是招标人根据项目特点及需要，为保证项目实施质量，证明投标人具备相应履约能力而设定的加分项，具有通用性，不属于以不合理条件限制、排斥潜在投标人的情形，因此驳回投诉。

【启示】

评标标准是专家评标的标尺，须以客观事实为依据。评标标准主要由评标因素及其相应权重构成。评标因素的设置应体现公平原则，不得针对特定投标人设置评标因素；不得设定与招标项目的具体特点和实际需求不相适应或者与合同履行无关的资格、技术或商务因素；不得以特定行政区域或者特定行业的业绩、奖项作为加分条件或者中标条件。

三、投诉招标文件中的资格条件与招标项目无关

【案例83】

招标投标投诉处理决定书

投诉人：××

被投诉人一：××县××镇人民政府

被投诉人二：××建设工程管理有限公司

1. 投诉事项及主张

投诉人××认为被投诉人××县××中学受蓄水影响

安全防护工程招标文件要求不合理，且对招标文件异议期提出的异议回复不满意，请求严格审查，为广大投标人提供一个公平的投标环境。

事实及理由：招标文件第 1 章第 1.4.1 条“投标人资质条件、能力、信誉”中第 5 条项目经理资格须同时具备水利水电一级注册建造师、注册土木工程师（岩土）资格且满足中级及以上职称。根据本项目工程量清单、施工图、项目概况及建设规模，本项目施工主体为地质灾害治理工程，几乎无水利水电工程相关的施工内容。根据《注册建造师执业工程规模标准》中对于水利水电一级注册建造师要求，与本项目无适应性和通用性。

2. 调查认定的基本事实

（1）×× 县 ×× 中学受蓄水影响安全防护工程为三峡库区水利项目，执行标准为《三峡库区地质灾害防治工程设计技术要求》，并由县规划和自然资源局认定为地质灾害工程。该项目位于 ×× 县 ×× 中学，库岸的 1–1′～6–6′ 剖面在 175~205m，均处于不稳定状态，为滑移型塌岸，三峡库水位每年在 165~175m 波动，会加剧库岸的再造。根据《三峡库区地质灾害防治工程设计技术要求》第 3.2.2 条，直接威胁人数大于 500 人、可能经济损失大于 5000 万元、所保护的建筑物为学校建筑（重要建筑物），该工程防治等级应为一级。

（2）根据《注册建造师执业工程规模标准》建造师专业类别，地质灾害治理工程无本专业类别的建造师。根据本项目三峡库区水利项目性质，项目经理选择《注册建造师执业工程规模标准》中水利水电工程类别符合本项目工作需要。

3. 处理意见及依据

根据调查认定的基本事实，投诉人 ×× 的投诉缺乏事实根据和法律依据，经研究，本机关决定：根据《工程建设项目招标投标活动投诉处理办法》第二十条规定，驳回投诉人 ×× 的投诉。

【评析】

《招标投标法》第十八条规定："招标人可以根据招标项目本身的要求，在招标公告或者投标邀请书中，要求潜在投标人提供有关资质证明文件和业绩情况，并对潜在投标人进行资格审查；国家对投标人的资格条件有规定的，依照其规定。招标人不得以不合理的条件限制或者排斥潜在投标人，不得对潜在投标人实行歧视待遇。"该条款一再强调招标文件设定的投标人资格条件、商务及技术要求等应当与招标项目的具体特点和实际需要相适应，与合同履行有关。《招标投标法实施条例》第三十二条也规定，设定的资格、技术、商务条件与招标项目的具体特点和实际需要不相适应或者与合同履行无关，属于以不合理条件限制、排斥潜在投标人或者投标人，具有该情形的招标文件应当予以修改。

在本案例中，投诉人以招标文件载明的项目经理资格与工程相关施工内容无关、对项目经理与投标人资格要求不一致为由投诉招标人。但是本案例项目地点的特殊性决定了对项目经理资格的要求应更严格，其资格条件关乎项目安全运作符合新民居实际需要。综上所述，行政监督部门认定该案例投诉理由缺乏事实根据和法律依据。

【启示】

招标人可以根据招标项目自身情况，在招标文件中提出对潜在投标人的资格条件以及商务、技术要求等实质性要求和条件。但具体的要求、条件不得与招标项目的具体特点和实际需要不相适应或者与合同履行无关，不得以不合理的条件限制或者排斥潜在投标人，不得对潜在投标人实行歧视待遇。

四、投诉招标文件的信誉条件不合法

【案例84】

招标投标投诉处理决定书

投诉人：××

被投诉人一：××交通实业（集团）有限公司

被投诉人二：××旅游开发建设投资（集团）有限公司

1. 投诉事项及主张

投诉人××认为：被投诉人××交通实业（集团）有限公司、××旅游开发建设投资（集团）有限公司分别在重庆綦江公共资源综合交易网2021年1月25日发布的S104××镇改线工程、2021年1月26日发布的G75××高速××公路工程招标文件中违规设置“2019年度重庆市公路建设市场从业单位信用评价A级及以上”“重庆市交通局在重庆市公路建设市场信用体系发布的2019年度评价结果A级以下”“重庆市交通局在重庆市公路建设市场体系发布的2019年度评价结果B级及以下”不合法的招标条件。

2. 调查认定的基本事实

根据《国务院关于建立完善守信联合激励和失信联合惩戒制度加快推进社会诚信建设的指导意见》(国发〔2016〕33号)、《重庆市人民政府关于建立完善守信联合激励和失信联合惩戒制度加快推进社会诚信建设的实施意见》(渝府发〔2017〕3号)、《綦江区政府投资工程建设领域不良行为记录管理办法》等文件要求，为维护公平公正的市场竞争秩序，建立以信用为核心的新型监管机制，鼓励支持各行业主管部门信用评价结果应用于政府采购、工程招标、评优评先等领域，实施联合激励和奖惩。同时，根据《公路工程建设项目招标投标管理办法》第二十一条“招标人结合招标项目的具体特点和实际需要，设定潜在投标人或者投标人的资质、业绩、主要人员、财务能力、履约信誉等资格条件”。故该项设置条件符合公平竞争的原则。

3. 处理意见及依据

根据调查认定的基本事实，投诉人××的投诉缺乏事实根据和法律依据，经研究，本机关决定：根据《工程建设项目招标投标活动投诉处理办法》第二十条规定，驳回投诉人××的投诉。

【评析】

为了落实《国务院关于建立完善守信联合激励和失信联合惩戒制度加快推进社会诚信建设的指导意见》（国发〔2016〕33号）等文件精神，推进社会信用体系建设，健全守信激励失信约束机制，国家出台了一系列对违法、失信企业实行联合惩戒、限制投标的政策，比如限制被列入严重违法失信企业名单、失信被执行人名单、建筑市场主体“黑名单”和拖欠农民工工资“黑名单”等情形的供应商。本案例中，招标文件设置的“重庆市交通局在重庆市公路建设市场体系发布的2019年度评价结果B级及以下”等资格条件，也属于联合惩戒措施，符合法律规定。

【启示】

实践中，对于有失信记录的供应商限制投标的情形常见的有以下几种：

（1）被市场监管部门在全国企业信用信息公示系统中列入严重违法失信企业名单。

（2）被最高人民法院在“信用中国”网站或各级信用信息共享平台中列入失信被执行人名单。

（3）在近三年内投标人或其法定代表人（单位负责人）

有行贿犯罪行为。

这类情形还有很多，国家发展改革委与其他部委下发了联合惩戒的备忘录约40个，如列入建筑市场主体“黑名单”和拖欠农民工工资“黑名单”等情形下都可能作为失信记录被限制投标。还有对违法失信上市公司，安全生产、环境保护领域失信生产经营单位等各个领域失信企业参加工程建设项目投标活动，都进行了限制。这些可以列入负面清单写到招标文件中。

五、投诉招标文件内容有歧义

【案例85】

招标投标投诉处理决定书

投诉人：××集团有限公司

被投诉人：××县规划和自然资源局

1.投诉事项及主张

投诉人××集团有限公司认为被投诉人××县规划和自然资源局在××地质灾害应急分中心建设项目装饰装修部分设计施工总承包招标活动中，招标文件设计报价基数和费率陈述模糊不清、前后矛盾，设置了最高限价、最高费率限价，未解释它们与报价的关系，评标委员会未按照招标精神及原则进行评审。

事实及理由：投诉人认为设计部分费率报价如何计算，招标文件说法不明，存在两种解释，两种理解，应根据《重庆市招标投标条例》第二十一条作出不利于招标人的解释。

2. 调查认定的基本事实

（1）该项目招标文件设计费部分表述不清，存在争议。

招标文件第 22 页“按照国家发展改革委《关于开放部分建设项目服务收费标准有关问题的通知》（发改价格〔2014〕1573 号）及《工程勘察设计收费管理规定》（计价格〔2002〕10 号）规定的 80%，采用按 2002 年版的工程勘察设计收费标准（计价格〔2002〕10 号）的折扣费率，对设计费用填报统一的折扣费率”，这里的“80%”表述有争议，未表述清楚 80% 是最高限价还是乘以 80%。

招标文件第 22 页“固定费率最高限价为 80%，暂定设计费投标报价最高限价为 855600.00 元”，未阐述固定费率最高限价与暂定设计费投标报价最高限价的关系。

（2）评标委员会在评审过程中，发现招标文件设计部分投标报价存在争议，未按招标文件的评标标准和办法进行评审，对招标文件启动澄清、解释程序，由交易中心工作人员解释招标文件，并予以采信。

3. 处理意见及依据

本机关决定：根据《招标投标法实施条例》第二十三条、第八十一条规定，对中标结果造成实质性影响，且不能采取补救措施予以纠正的，招标、投标、中标无效，应当依法重新招标或者评标，本项目招标、投标、中标无效，由招标人依法重新招标。

【评析】

招标文件内容应当包括招标项目的技术要求、投标报价要求、评标标准等所有实质性要求和条件以及拟签订合同的主要条款。《招标投标法实施条例》第二十三条规定："招标人编制的资格预审文件、招标文件的内容违反法律、行政法规的强制性规定，违反公开、公平、公正和诚实信用原则，影响资格预审结果或者潜在投标人投标的，依法必须进行招标的项目的招标人应当在修改资格预审文件或者招标文件后重新招标。"《招标投标法实施条例》第八十二条规定："依法必须进行招标的项目的招标投标活动违反招标投标法和本条例的规定，对中标结果造成实质性影响，且不能采取补救措施予以纠正的，招标、投标、中标无效，应当依法重新招标或者评标。"上述法条强调了招标文件内容应当合法合规、公正公平，同时也应当表述清晰、意思明确。

在本案例中，该项目招标文件设计费部分表述不清，招标文件的主要条款存在争议，且评标委员会在评审过程未对该部分内容启动澄清、解释程序，不符合《招标投标法实施条例》第二十三条和第八十二条的规定，因此本项目招标、投标、中标无效，由招标人依法重新招标。

【启示】

招标文件内容文字表述应严谨，内容应完整规范，至少应满足以下几个合法、合规性要求：

（1）招标投标活动的程序、时间安排符合法定要求。

（2）投标人资格、业绩要求公平、公正、合法，与招标项目实际需求相符。

（3）否决投标条款设定公平、公正、合法、明确、无歧义。

（4）评标办法和评审标准公平、公正、合法。

（5）招标文件按规定使用有关合同文本，合同条款的形式和内容符合国家法律法规的相关规定和要求。

（6）定标程序、中标原则公平、公正、合法。

（7）符合法律法规的其他相关要求。

招标文件内容在合法合规的基础上也要注意语言文字表述规范、严谨、准确、精练，避免出现含义不明确、笼统的条款，避免使用原则性的、模糊的或者容易引起歧义的词句，避免出现文件前后不一致或重大漏洞等现象，损害招标投标当事人的利益。评标过程中，评标委员会如发现此类情形，应要求招标人对招标文件给予必要的澄清、说明，这也有利于评标委员会准确把握招标人的真实意思表示，从而对投标文件作出更为公正客观的评价。

第二节　投诉资格预审结果不合法

一、投诉未按其提供的证明材料进行资格审查

【案例86】

招标投标投诉处理决定书

投诉人：×× 互锁砖有限公司

被投诉人：×× 市重点公共建设项目管理办公室

投诉人认为，被投诉人以没有有效的ISO9000质量认证体系为由不通过其该项目标段二、标段三资格预审，但事实上其于2009年6月3日已取得ISO9000质量认证证书，发证机构于2009年11月13日至14日对其进行现场审核，并对证书进行更新。发证机构于2009年11月23出具证明，并将此证明附在投标报名材料中。请求撤销对其不合格的预审结果判定，补充其为正式投标人。

我委查明：

（1）招标公告第九条第六款规定“投标人具有有效的ISO9000系列质量体系认证”。

（2）投诉人在该项目投标报名材料中附有由 ×× 认证有限责任公司 ×× 分公司出具的《证明》，内容为“兹证明 ×× 互锁砖有限公司经我分公司派出审核组于 2009 年 11 月 13 ~ 14 号进行现场审核，该企业符合 ISO9001：2000 标准要求，通过现场审核，认证证书正在印刷中”。该证明没有说明投诉人 ISO9001：2000 认证证书的生效时间。

根据上述事实及相关法律、法规，我委否定招标人的意见无依据。我委决定，根据《工程建设项目招标投标活动投诉处理办法》第二十条第（一）款的规定，驳回投诉人的诉求。

【评析】

资格预审，是指投标前对获取资格预审文件并提交资格预审申请文件的潜在投标人进行资格审查的一种方式。《招标投标法》第十八条第一款规定了招标人可以对投标人设置的资格条件，即“招标人可以根据招标项目本身的要求，在招标公告或者投标邀请书中，要求潜在投标人提供有关资质证明文件和业绩情况，并对潜在投标人进行资格审查；国家对投标人的资格条件有规定的，依照其规定”。根据该条款规定，招标人可以根据项目实际情况，对潜在投标人的资质、业绩、财务、信誉等方面提出要求，并对潜在投标人进行资格审查，确保选中的中标人，具有履行招标项目的资格和能力。

在本案例中，招标公告第九条第六款规定“投标人具有有效的 ISO9000 系列质量体系认证”，《质量管理体系认证规则》第8.1条规定了质量体系认证应包含证书有效期，即“认证证书应至少包含以下信息：……（6）证书签发日期及有效期的起止年月日。”而该项目投标报名材料中出具的《证明》内容无法有效证明投诉人ISO9001：2000认证证书的生效时间，投诉人实际上并未提供符合被投诉人要求的资格证明材料，因此不能通过其资格审查。

【启示】

投标人应当准确理解招标文件明确的资格条件、合同条款、评标方法和投标文件响应格式等实质性要求和条件，严格按照招标文件的要求编制投标文件，并提供相关有效的资质、业绩等佐证材料，材料内容应完整、准确且在有效期内，不存在瑕疵和争议。行业协会、社会机构自行组织培训、发放所谓的资格证书，都不具有法律强制性和普遍适用性，不宜作为投标人的资格条件。还有一些非法社会组织发放所谓的资质证书均不具有合法性，应予以禁止。

二、投诉资格预审业绩条件认定错误

【案例87】

招标投标投诉处理决定书

投诉人：×× 机电设备安装工程有限公司

被投诉人：×× 建设公司

投诉人在参加了 ×× 快速路（K0+000–K32+900）路灯设施管养服务项目投标报名后，就该项目招标人认定其公司资格预审不通过的问题提出投诉。经调查核实，情况如下。

投诉人称：

（1）其提供的“×× 村 ×× 路、×× 路、×× 园区道路路灯维修、保养工程”完全满足招标文件的要求。

（2）资格审查通过的公司中有的业绩为“×× 市路灯设备维修、小修、中修、检修、抢修等运行维护工程”，此业绩为维修、检修、抢修，不属于招标公告中所要求的道路路灯日常管养项目，这些项目合同是不需要招标的，不可能同时提供中标通知书、合同、验收报告等。

被投诉人称：

×× 机电设备安装工程有限公司提供的“×× 村 ×× 路、×× 路、×× 园区道路路灯维修、保养工程”业绩不属于城市市政道路路灯日常管养业绩，不符合资格预审合格条件第 3 条要求，不予通过资格审查。

经我委查实，该项目招标公告对业绩的要求是“投标人自 2006 年 11 月至今独立完成过或正在实施的类似项目业绩，类似项目是指道路路灯日常管养项目，需同时提供中标通知书、包含有日常管养内容的合同、验收报告或业主出具的评价证明，以及提供类似业绩所属业主名称、地址、联系人及联系电话”。

本委认为，招标人以 ×× 机电设备安装工程有限公司提供的业绩不是城市市政道路路灯日常管养业绩为由，认定其公司不符合招标公告要求，不通过资格预审，依据不足。本招标项目如存在同类问题，请依法一并改正。

【评析】

招标人采用资格预审办法对潜在投标人进行资格审查的，应当发布资格预审公告、编制资格预审文件，并严格按照招标公告的要求对潜在投标人进行审查。《工程建设项目施工招标投标办法》第十八条规定，“采取资格预审的，招标人应当发布资格预审公告。资格预审公告适用本办法第十三条、第十四条有关招标公告的规定。采取资格预审的，招标人应当在资格预审文件中载明资格预审的条件、标准和方法；采取资格后审的，招标人应当在招标文件中载明对投标人资格要求的条件、标准和方法。招标人不得改变载明的资格条件或者以没有载明的资格条件对潜在投标人或者投标人进行资格审查”。资格预审由资格审查委员会进行，采取合格制或者有限数量制。对于通过审查的投标申请人，发出资格预审合格通知书，并发送招标文件，允许其投标。

本案例中，行政监督部门查明，该项目招标业绩要求中的“类似项目”是指“道路路灯日常管养项目”，投诉人提供了“××村××路、××路、××园区道路路灯维修、保养工程”业绩。被投诉人以投诉人提供的业绩不是城市市政道路路灯日常管养业绩为由，认定其公司不符合招标公告要求，不通过资格预审，认定错误，缺乏事实依据，应予以纠正。

【启示】

招标人在进行资格审查时，应严格按照资格预审文件或招标文件对投标人资格条件的规定，一视同仁地进行审查。对具备相应资格条件要求的投标人，应当确认其投标资格，不应随意否决其投标。潜在投标人在参与投标活动前，应当根据招标公告、资格预审公告审慎地对照审视评估自身是否符合资格条件要求，以免因不符合资格审查条件而被拒绝投标或否决投标。

三、投诉使用未规定的资格条件进行资格预审

【案例88】

招标投标投诉处理决定书

投诉人：××建筑工程集团有限公司

被投诉人：××省地质局（招标人）

投诉人对被投诉人××省地质局以“资格预审申请文件封面未盖法人代表或授权人的签章，不符合招标公告资格审查文件通用条款第1.5.3条要求”不通过其资格审查的理由提出投诉。其认为，资格预审申请文件封面未盖法人代表或授权人的签章不是招标公告载明的投标人资格审查合格条件，也不是“投标申请人报名提交资料一览表”中要求的内容。

经查：

（1）投诉人在其资格申请文件的封面加盖了公司印章，没有加盖法定代表人签章，也没有加盖授权委托人的签章。

（2）该项目招标公告（含补充公告）第九条“投标人合格条件”中没有将投标申请人资格预审申请文件封面加盖法人代表或委托授权人签章作为投标人合格条件之一。

（3）该项目招标公告资格审查文件第1.5.3条规定“资格审查申请文件必须按要求提供有关证明资料和要求内容，并装订成册，编制页码，所有资料封面须加盖公章及法人代表或授权人的签章”。

我委认为，鉴于资格预审申请文件封面必须加盖法定代表人或授权委托人的签章，不是招标公告载明的投标人资格条件之一，被投诉人以资格预审申请封面没有加盖法定代表人或授权委托人的签章，不通过投诉人的资格审查，用了招标公告没有载明的资格条件对投标人进行资格审查，违反了《工程建设项目施工招标投标办法》第十八条的规定。

综上所述，根据《工程建设项目施工招标投标办法》第十八条的规定和《招标投标法》第五十一条的规定，我委决定，责令被投诉人依法纠正资格预审中存在的问题。

【评析】

招标人采取资格预审的，应当严格按照资格预审文件的要求进行审查，不得以没有载明的资格条件对潜在投标人进

行资格审查。

《工程建设项目施工招标投标办法》第十八条规定："采取资格预审的，招标人应当发布资格预审公告。资格预审公告适用本办法第十三条、第十四条有关招标公告的规定。采取资格预审的，招标人应当在资格预审文件中载明资格预审的条件、标准和方法；采取资格后审的，招标人应当在招标文件中载明对投标人资格要求的条件、标准和方法。招标人不得改变载明的资格条件或者以没有载明的资格条件对潜在投标人或者投标人进行资格审查。"根据上述规定，招标人不得以没有载明的资格条件对投标人进行资格审查。

本案例中，项目招标公告资格审查文件第 1.5.3 条尽管规定"资格审查申请文件……所有资料封面须加盖公章及法人代表或授权人的签章"，但招标公告（含补充公告）第九条的"投标人合格条件"中并没有将该要求作为投标人合格条件之一，被投诉人用了招标公告没有载明的资格条件对投标人进行资格审查，不通过投诉人的资格审查，违反了《工程建设项目施工招标投标办法》第十八条的规定，因此责令改正。

【启示】

采取资格预审的，招标人应严格按照资格预审文件进行资格审查，招标人不得改变载明的资格条件或者以没有载明的资格条件对潜在投标人或者投标人进行资格审查。

四、投诉资格预审通过数量不合法

【案例89】

招标投标投诉处理决定书

投诉人：×× 自动化系统控制有限公司

被投诉人：×× 物业管理有限公司（招标人）

投诉人反映：

（1）×× 大厦酒店弱电智能化系统设备采购及相关服务招标项目招标人在通过资格预审合格的10家单位中只择优确定7家为正式投标人（不含投诉人在内）。其认为该择优办法违背了法律规定。

（2）在通过资格预审的单位中，有5家的业绩分别为“工程施工项目”业绩，不属于“设备采购及相关服务项目”业绩，偏离了招标公告的要求。

我委查明：

该项目招标公告规定“满足资格审查合格条件的投标申请人超过7名时，择优选取前7名成为正式投标人”，该项目通过资格预审的投标申请人有10名，择优选取前7名为正式投标人，符合招标公告的要求。该项目的择优办法未违背招标投标法律法规。

招标人资格预审公示的业绩内容不完整，在已公示的业绩中确有部分不满足招标公告的要求。经核实投诉反映的5

家单位的业绩已满足招标公告的要求。

综上所述，本委认为该项目资格预审择优方式符合招标公告的要求，否定该项目的资格预审结果无依据。

【评析】

招标人可以根据招标项目本身的要求，对潜在投标人进行资格预审。资格预审有合格制和有限数量制两种。所谓合格制，就是按照资格预审文件规定的审查标准对投标申请人的资格条件进行审查，凡通过资格审查认定为合格的投标申请人均有资格获得招标文件并参与投标竞争。所谓有限数量制，就是招标人或审查委员会依据资格预审文件规定的审查标准和程序，对通过初步审查和详细审查的资格预审申请文件进行量化打分，按得分由高到低的顺序择优确定通过资格预审的投标申请人。《工程建设项目施工招标投标办法》第十八条规定："采取资格预审的，招标人应当发布资格预审公告。资格预审公告适用本办法第十三条、第十四条有关招标公告的规定。采取资格预审的，招标人应当在资格预审文件中载明资格预审的条件、标准和方法；采取资格后审的，招标人应当在招标文件中载明对投标人资格要求的条件、标准和方法。"

本案例中，该项目招标公告规定"满足资格审查合格条件的投标申请人超过 7 名时，择优选取前 7 名成为正式投标人"，实际是采取了有限数量制，如果审查合格的投标申请人不足7人，全部通过资格审查；如果超过7人，则择优选取前7人通过资格审查，该预审方式符合法律规定，故否定该项目的资格预审结果没有依据。

【启示】

资格审查方法有合格制和有限数量制两种，供招标人根据招标项目具体特点和实际需要选择适用。如无特殊情况，鼓励招标人采用合格制。采用有限数量制的，审查委员会依据资格预审文件规定的审查标准和程序，对通过初步审查和详细审查的资格预审申请文件进行量化打分，按得分由高到低的顺序确定通过资格预审的申请人。通过资格预审的申请人不超过资格审查办法规定的数量，采用合格制，凡符合资格预审文件规定审查标准的申请人均通过资格预审。

五、投诉以未响应资格预审申请文件为由不通过资格审查违法

【案例90】

招标投标投诉处理决定书

投诉人：××装饰工程工业有限公司

被投诉人（招标人）：××对外贸易中心

投诉人参加××酒店室内装修工程施工专业承包（标段1、标段2、标段3）项目的投标，对被投诉人以“提供资格

预审文件资料不符合招标公告第九条第 8 款及补充公告第二条的要求”，不通过其三个标段的资格审查的理由提出投诉。其认为，×× 酒店室内装修工程施工专业承包（标段 1、标段 2、标段 3）项目招标补充公告（以下简称“补充公告”）的发布未按招标文件范本执行。

招标人认为：投诉人资格预审文件资料中的《投标申请人声明》未按补充公告的要求填报，而《投标申请人声明》属于投标人合格条件之一，根据相关法律、法规、本项目招标公告和补充公告，不通过投诉人资格审查。

经查：招标人于 2010 年 1 月 18 日在 ×× 建设工程交易中心网上分别发布该项目标段 1、标段 2、标段 3 的招标公告。三个标段的招标公告第九条中关于“投标人合格条件”规定完全一致，“投标人合格条件”第 8 点规定“投标人已按照附件三的内容签署盖章的《投标申请人声明》”。2010 年 1 月 21 日，招标人在 ×× 建设工程交易中心网上分别发布三个标段的补充公告，内容一致。补充公告第二条将招标公告附件三《投标申请人声明》第五条内容修改为“本公司及其有隶属关系的机构没有参加本项目的设计、前期工作、招标文件编写、监理工作；本公司与承担本招标项目监理业务的单位、项目建设管理单位没有隶属关系或其他利害关系”。投诉人在该项目资格审查文件中《投标人申请声明》第五条内容为“本公司及其有隶属关系的机构没有参加本项目设计、前期工作、招标文件编写、监理工作；本公司与承担本招标项目监理业务的单位没有隶属关系或其他利害关系”。投诉人声明的内容不符合招标补充公告的规定。

我委认为：招标人以在网上发布补充公告的形式对招标公告相关内容进行修改，没有违反招标文件范本。投诉人在资格审查文件中的《投标申请人声明》的内容与招标公告（含补充公告）的规定的内容不一致，招标人以此作为不通过投诉人资格审查的理由，符合招标公告和相关法律、法规的规定。

我委决定，根据《工程建设项目招标投标活动投诉处理办法》第二十条第（一）款的规定，驳回投诉人诉求。

【评析】

关于资格预审文件的澄清与修改，《招标投标法实施条例》第二十一条规定：“招标人可以对已发出的资格预审文件或者招标文件进行必要的澄清或者修改……招标文件修改内容涉及投标资格条件和招标范围变更，原则上应当重新发布招标公告。”《工程建设项目施工招标投标办法》第十八条规定：“采取资格预审的，招标人应当发布资格预审公告。资格预审公告适用本办法第十三条、第十四条有关招标公告的规定。采取资格预审的，招标人应当在资格预审文件中载明资格预审的条件、标准和方法……。”根据上述规定，招标人对已发出的资格预审文件或者招标文件进行涉及投标资格条件澄清或者修改的，应当重新发布招标公告；投标人未按照修改后

（重新发布后）的招标文件要求进行投标的，可以拒绝其投标资格。

在本案例中，招标人依照法律法规的规定，通过在网上发布补充公告的形式，对潜在投标人的资格审查条件进行了修改。投诉人在资格审查文件中的《投标申请人声明》的内容“本公司及其有隶属关系的机构没有参加本项目设计、前期工作、招标文件编写、监理工作；本公司与承担本招标项目监理业务的单位没有隶属关系或其他利害关系”，与招标公告（含补充公告）规定的内容“本公司及其有隶属关系的机构没有参加本项目的设计、前期工作、招标文件编写、监理工作；本公司与承担本招标项目监理业务的单位、项目建设管理单位没有隶属关系或其他利害关系”不一致，投诉人声明的内容不符合招标补充公告的规定。投诉人未按照修改后的资格审查条件要求进行响应，否决其投标资格符合招标公告的规定。

【启示】

投标人应及时跟进招标人的相关信息发布，并及时对其投标文件进行修改或补充。当招标人对已发出的资格预审文件或者招标文件进行澄清或者修改，修改内容涉及投标资格条件、招标范围变更等的，投标人应当及时根据澄清或修改后的资格条件要求，对资格预审申请文件或投标文件进行修改并补充递交，确保有效投标。

六、投诉以未列明的资格条件进行资格预审

【案例91】

招标投标投诉处理决定书

投诉人：名×电气安装工程有限公司/广×电力建设有限公司（联合体）、一×设备安装有限公司、众×建设工程有限公司、珠×建设工程有限公司、白×机电设备安装工程有限公司、永×机电设备技术有限公司

被投诉人：××市住房保障办公室（招标人）、建×工程造价咨询事务所有限公司（招标代理机构）

投诉反映，招标人公示其资格预审不合格的理由分别为“不符合招标公告第九条第6点的要求”，或者“不符合资格审查文件通用条款第1.4.3条的要求”。上述6家投诉人均认为：

（1）招标公告第九条要求的遵守《施工总承包单位安全总责承诺书》的承诺书，没有指定具体的格式要求，其公司已经按照招标公告第九条第6点的要求提供了遵守《施工总承包单位安全总责承诺书》的承诺书。

（2）根据本项目招标公告第九条备注2的说明，资格审查文件通用条款第1.4.3条不能作为资审不合格的依据。

本委查明，××中心城区（一期）保障性住房项目施工用电施工专业承包项目招标文件第九条投标人合格条件备注

2中已明确规定：未在招标公告第九条单列的资审合格条件，不作为资审不合格的依据。本委认为：

（1）招标公告第九条第6点要求的“遵守《施工总承包单位安全总责承诺书》的承诺书”并没有提出明确的格式和内容要求，招标文件第11页第11.2.7条的规定是针对投标文件编制的要求，不应把这条当作资格预审的合格条件。

（2）报名资料封面要求法定代表人或者被授权人签名，只是招标公告中资格审查文件通用条款第1.4.3条中有关资格预审文件装订的要求，不是资格预审合格条件。因此，该项目资格预审委员会对上述6家单位的资格审查，与该项目招标公告及招标文件的有关要求不符。

综上所述，该项目资格预审委员会的上述行为违反了《招标投标法》第十八条第二款和《工程建设项目施工招标投标办法》第十八条第三款的规定，依据《招标投标法》第五十一条的规定，招标人应依法对上述6家单位在资格预审过程中存在的问题进行纠正。同类问题，请一并予以纠正。

【评析】

投标资格条件是招标文件、资格预审文件的核心内容，是资格审查的主要评审因素。《招标投标法实施条例》第十八条规定：“资格预审应当按照资格预审文件载明的标准和方法进行”。本案例中，招标公告第九条第6点要求的“遵守《施工总承包单位安全总责承诺书》的承诺书”未提出明确的格式和内容要求，投诉人已经按照招标公告第九条第6点要求提供了遵守《施工总承包单位安全总责承诺书》的承诺书。同时，招标文件第九条投标人合格条件备注2中明确规定：“未在招标公告第九条单列的资审合格条件，不作为资审不合格的依据”。而报名资料封面要求法定代表人或者被授权人签名只是招标公告中资格审查文件通用条款第1.4.3条中有关资格预审文件装订的要求，并非资格预审合格条件。根据《工程建设项目施工招标投标办法》第十八条第三款规定：“招标人不得改变载明的资格条件或者以没有载明的资格条件对潜在投标人或者投标人进行资格审查。”因此，项目资格预审委员会以“不符合招标公告第九条第6点”以及“不符合资格审查文件通用条款第1.4.3条的要求”为由认定投诉人的资格预审不合格违背法律、法规规定，应当予以纠正。

【启示】

招标人应当设置合理的资格审查标准，确保资格审查标准公平适用于所有潜在投标人。

在资格预审中，招标人应严格按照招标文件载明的资格审查标准进行审查，公平地对待所有投标申请人，不得擅自改变载明的资格条件或以未载明的资格条件进行资格审查，也不得偏袒或歧视特定的投标申请人。

第三节 投诉否决投标错误

一、投诉以“诉讼证明”否决投标错误

【案例 92】

招标投标投诉处理决定书

投诉人：×× 建装股份有限公司

被投诉人：×× 建设管理发展有限责任公司

招标人：×× 置业有限公司

1. 投诉人的投诉事项及主张

投诉事项：×× 信息产业园（一期）幕墙及雨篷工程施工项目重新评标结果公示 ×× 建装股份有限公司存在涉及隐瞒“诉讼、仲裁”事项，不符合招标文件投标人须知前附表第 10.8 条规定，未通过响应性评审。投诉人认为其投标文件符合招标文件规定，不存在隐瞒“诉讼、仲裁”事项。请求撤销本项目重新评标结果公示，依法恢复该公司的合法中标人的资格。

2. 调查认定的基本事实

2021 年 2 月 7 日，招标人委托被投诉人组织评标委员

会对该项目进行了重新评标。评标委员会依据招标文件前附表第 10.8 条（在招标投标阶段发现的，按投标无效处理；在中标通知书发出前发现的，按中标无效处理；在合同执行阶段发现的，委托人有权通知施工企业解除合同，合同自委托人解除合同通知送达施工企业时解除，合同解除后，委托人有权不予支付任何费用，同时扣除履约担保金，给招标人造成的损失还应当赔偿。以评标现场在“中国执行信息公开网”综合查询的结果为准）、投标文件、2020 年 12 月 1 日在“中国执行信息公开网”的查询结果，认定初步评审不通过。

3. 处理意见

住房和城乡建设部印发的《房屋建筑和市政工程标准施工招标文件》中关于“近年发生的诉讼和仲裁情况”明确为“近年发生的诉讼和仲裁情况仅限于申请人败诉的，且与履行施工承包合同有关的案件，不包括调解结案以及未裁决的仲裁或未终审判决的诉讼”。国家发展改革委印发的《标准施工招标文件》投标人须知总则第 3.5.5 条中规定“近年发生的诉讼和仲裁情况应说明相关情况，并附法院或者仲裁机构作出的判决、裁决等有关法律文书复印件”，并针对第 3.5.5 条规定作出明确说明，即“相关材料包括判决、裁决等法律文件的复印件，投标人应按时间先后次序编排相关文件。有一项填一份材料，没有就直接填写无。要求投标人提交近年发生的诉讼和仲裁情况，主要是为了证明投标人的履约能力和信誉。对于投标人胜诉的案件，不能据此作出不利于投标人的评价”。上述两件标准施工招标文件关于“近年发生的诉讼和仲裁情况”的规定不一致。本项目招标文件关于“近年发生的诉讼和仲裁情况”未做明确要求，招标文件前附表第10.8条规定以评标现场在“中国执行信息公开网”综合查询的结果为准。

投诉人在投标截止前存在仲裁案件，评标委员会于2020年12月1日组织的第二次专家复议会时，在“中国执行信息公开网”查询到投诉人有立案时间为2020年9月8日的案件执行信息。虽该案件已中止执行，但在招标文件未明确“近年发生的诉讼和仲裁情况仅限于申请人败诉的，且与履行施工承包合同有关的案件，不包括调解结案以及未裁决的仲裁或未终审判决的诉讼”的情况下，投诉人应当如实将“近年发生的诉讼及仲裁情况”相关材料编订于投标文件中。评标委员会认定投诉人存在隐瞒“诉讼、仲裁”事项，根据招标文件投标人须知前附表第10.8条规定，否决投标人的投标文件并无过错。

综上所述，本机关认为，投诉人的投诉缺乏事实根据。根据《工程建设项目招标投标活动投诉处理办法》第二十条第一项的规定，我机关决定驳回投诉人的投诉。

【评析】

在招标投标活动中，很多招标文件要求投标人提供“诉

讼、仲裁”事项或要求类似诉讼情况证明文件。招标人要求投标人提供“诉讼、仲裁”事项，主要是因为：一则“诉讼、仲裁”事项情况可以判断一定时期内投标人的经营情况，存在败诉案件或正在执行的案件则说明投标人有可能因此承担不利结果、遭受重大损失而削弱或丧失履约能力；二则存在“诉讼、仲裁”事项，一定程度上反映了投标人在过去的生产经营中没有能够妥善地解决商业活动中的各类纠纷，不具备较好的商业信誉。但在正常的商业活动中矛盾纠纷是在所难免的，而诉讼、仲裁作为解决纠纷的常见方式，大部分企业尤其是建筑业企业或多或少都会涉及。这就需要对“诉讼、仲裁”事项进行区分，败诉案件涉及执行投标人财产，可能会导致其丧失履约能力；而投标人成功维权的胜诉案件可能是为了追索工程款，有利于保障其履约能力。

本案例中，招标文件投标人须知前附表第 10.8 条规定投标人需提供“诉讼、仲裁”事项，投标人应当按照招标文件如实全面地进行应答。投诉人在投标截止前存在仲裁案件，评标委员会组织第二次专家复议会时，在“中国执行信息公开网”查询到投诉人有立案时间为 2020 年 9 月 8 日的案件执行信息，但在投标文件中却没有如实体现，存在弄虚作假行为。《评标委员会和评标方法暂行规定》第二十条规定：“在评标过程中，评标委员会发现投标人以他人的名义投标、串通投标、以行贿手段谋取中标或者以其他弄虚作假方式投标的，该投标人的投标应作否决投标处理。”因此，投诉人违背招标文件要求隐瞒“诉讼、仲裁”事项，未按招标文件要求如实全面地提供诉讼证明，因属于弄虚作假行为，按投标无效处理。

【启示】

招标文件中要求提供诉讼案件证明材料可以衡量不特定投标人的商业信誉和履约能力，但招标人也应明确其范围为败诉或被执行案件，正如《房屋建筑和市政工程标准施工招标文件》中关于“近年发生的诉讼和仲裁情况”将“近年发生的诉讼和仲裁情况仅限于申请人败诉的，且与履行施工承包合同有关的案件，不包括调解结案以及未裁决的仲裁或未终审判决的诉讼”。

投标人提供诉讼案件证明材料时应当全面如实地按照招标文件要求进行提供，如招标文件未明确案件类型、裁判结果、案件状态等，投标人则应当提供指定期间或经营存续期间全部诉讼、仲裁情况。为了保证诉讼案件证明材料的真实性和客观性，可以要求提供律师事务所、审计机构等中介机构出具证明文件。同时，为了防止投标人弄虚作假，可以在招标文件中明确一旦发现投标人有隐瞒真实情况的，评标委员会有权否决其投标。

二、投诉以资质等级不合格否决投标错误

【案例93】

招标投标投诉处理决定书

投诉人：×× 集团有限公司

被投诉人一：×× 工程管理有限公司

被投诉人二：×× 公共交通集团有限公司

1. 投诉人的投诉事项及主张

投诉事项：×× 市 ×× 乡公交停车场供配电工程施工（二次）项目中标候选人公示中显示评标委员会以投诉人企业资质不满足招标文件规定为由否决其投标。投诉人认为其企业资质满足招标文件规定，评标委员会不应将其否决投标。请求撤销该否决事项，依法恢复投诉人合法投标的权利。

2. 调查认定的基本事实

本项目招标文件前附表第 1.4.1 条中对投标人的资质要求为《承装（修、试）电力设施许可证》承装五级、承修五级、承试五级及以上资质和建设行政主管部门颁发的输变电工程专业承包叁级（含）以上资质，投诉人 ×× 集团投标时提供的资质为《承装（修、试）电力设施许可证》承装类一级、承修类一级、承试类一级和电力工程施工总承包二级资质，评标委员会依据招标文件前附表第 1.4.1 条和《建筑业企业资质标准》总则中“设有专业承包资质的专业工程单独发包时，

应由取得相应专业承包资质的企业承担”的规定，认定投诉人资质不满足招标文件要求，予以否决投标。

本局认为，本项目招标文件要求投标人具有建设行政主管部门颁发的输变电工程专业承包叁级（含）以上资质为专业承包资质，投诉人投标时提供的电力工程施工总承包二级资质为总承包资质。根据《建筑业企业资质标准》总则中“设有专业承包资质的专业工程单独发包时，应取得相应专业承包资质的企业承担”的规定，评标委员会认定 ×× 集团提供的电力工程施工总承包二级资质不满足招标文件投标人须知前附表第 1.4.1 条规定，否决投诉人的投标并无不当。

3. 处理意见

综上所述，投诉人的投诉缺乏事实和法律根据。根据《工程建设项目招标投标活动投诉处理办法》第二十条第（一）项的规定，本局决定驳回投诉人的投诉。

【评析】

《建设工程质量管理条例》第二十五条规定，施工单位应当依法取得相应等级的资质证书，并在其资质等级许可的范围内承揽工程。禁止施工单位超越本单位资质等级许可的业务范围或者以其他施工单位的名义承揽工程。招标文件可以要求投标人具有住房和城乡建设行政主管部门颁发的相应等级的资质证书作为资格审查条件。投标人未提供资质证书或者提供的资质证书不合格，就视为其资格条件不合格，评标委员会可以否决其投标。

本案例中，招标文件前附表第1.4.1条中对投标人的资质要求为《承装（修、试）电力设施许可证》承装五级、承修五级、承试五级及以上资质和输变电工程专业承包叁级（含）以上资质。投标人提供的是电力工程施工总承包二级资质。根据《建筑业企业资质标准》规定，没有专业承包资质的专业工程单独发包时，应由取得相应专业承包资质的企业承担。本案例中，投诉人为总承包资质企业，不得承包设有专业承包资质的专业工程，故评标委员会作出否决投标处理决定并无不当。

【启示】

评标委员会应当严格审查投标人资质证书类别和资质等级，审查其是否是法律规定的有权颁发机关颁布的，其是否覆盖招标项目；设有专业承包资质的专业工程单独发包时，应由取得相应专业承包资质的企业承担，总承包企业不得承担。

三、投诉以投标文件格式不合格否决投标错误

【案例94】

招标投标投诉处理决定书

投诉人：××建设集团有限公司

被投诉人：评标委员会

1. 投诉人的投诉事项及主张

投诉人认为，本公司所提供的××市××区自行车场馆提升改造工程（一标段）项目投标文件技术负责人资料满足招标文件资格要求，评标委员会以“未通过投标文件格式”为由否决其投标。主张被投诉人应当依法依规对其投标文件进行重新复核。

2. 调查认定的基本事实

（1）招标文件中“投标人资格要求”未对技术负责人的资格条件作要求。招标文件第三章评标办法前附表第2.1.1条形式评审标准中要求：投标文件格式符合第八章“投标文件格式”。第八章投标文件格式“主要人员简历表”规定：技术负责人应附身份证、资格证、职称证、学历证、劳动合同、养老保险复印件，该表中要求填报的内容为姓名、年龄、学历、职称、职务、拟在本合同任职、毕业学校、工作经历，没有填报资格证的要求。招标文件对技术负责人的资格要求与第八章投标文件格式对技术负责人应附的资料不对应。

（2）招标文件中未对技术负责人应附的资格证作具体要求。国家法律、法规、规章未对技术负责人作职业（执业）资格要求。招标代理机构现场作出口头解释，提出技术负责人的资格证不作要求。被投诉人在对投标文件进行格式审查时，认为技术负责人应附的资格证为建造师考试合格后取得的建造师资格证或造价师考试合格后取得的造价师资格证等工程类相关的资格证，并以此为审查标准，对技术负责人未附上述资格证的投标文件予以否决。该审查标准没有依据，脱离招标项目的实质性要求，不客观、不公正。

3. 处理意见及依据

被投诉人在××市××区自行车场馆提升改造工程（一标段）项目中的评标行为，违反《招标投标法实施条例》第四十九条第一款的规定；招标人××市体育局委托招标代理机构××工程管理有限公司编制的招标文件对技术负责人的资格要求与第八章投标文件格式对技术负责人应附的资料不对应，使得潜在投标人无法准确把握招标人意图、无法科学准备投标文件，使得评标委员会自由裁量空间过大，违反公开、公平、公正原则。

依据《招标投标法实施条例》第二十三条、第八十一条和《工程建设项目招标投标活动投诉处理办法》第二十条第（二）项规定，现作出以下处理决定：××市××区自行车场馆提升改造工程（一标段）招标无效，由招标人依法重新组织招标。

【评析】

《招标投标法实施条例》第四十九条第一款规定："评标委员会成员应当依照招标投标法和本条例的规定，按照招标文件规定的评标标准和方法，客观、公正地对投标文件提出评审意见。招标文件没有规定的评标标准和方法不

得作为评标的依据。”也就是说，评标委员会应当按照招标文件确定的评标标准和方法，对投标文件进行评审和比较，并向招标人提出书面评标报告并推荐合格的中标候选人，招标文件存在歧义，则直接影响评标，评标委员会应当客观、公正履行职责，不能够根据自己的理解选择确定评标标准。

在本案例中，招标文件对技术负责人的资格要求与第八章投标文件格式对技术负责人应附的资料不对应。涉案招标文件未对技术负责人资格作出要求，仅在评审标准中要求：投标文件格式符合第八章“投标文件格式”，但第八章投标文件格式中内容并没有填报资格证的要求，只是在材料中要求附资格证、职称证、学历证等。资格条件设置前后不一致，造成招标文件存在瑕疵，没有明确的评标标准，评标委员会在未向招标人书面说明情况下擅作主张，以投标人未提交技术负责人上述资格对投诉人的投标文件予以否决缺乏依据。

【启示】

评标委员会应当严格按照招标文件确定的评标标准和方法评标。评标过程中，评标委员会发现招标文件存在错误、内容不明确、有歧义的，应当及时向招标人或代理机构说明情况并由招标人进行确认或提出解决措施，不得自行修改或选择评审标准或方法。

四、投诉以细微偏差否决投标错误

【案例 95】

招标投标投诉处理决定书

投诉人：×× 路桥建设集团有限公司

被投诉人：评标委员会

招标人：×× 建设有限公司

投诉事项及主张：我司 ×× 国道 ×× 段改建工程设计施工总承包第 SJSG 标段（复评）项目投标文件中提供"主要业绩信息一览表"的涉及本次招标资格审核的相关信息与证明材料完全一致，中标结果应属有效，评标委员会依据不涉及本次招标资格审核的右洞长度存在的数据轻微瑕疵否决我司投标显属错误。

投诉人要求取消本项目评标委员会复评结果，恢复中标候选人资格。

现查明：

（1）投标人须知前附表附录 3 资格审查资料（业绩最低要求）要求投标人具备勘察、设计、施工、设计施工总承包四种类似业绩。其中，施工业绩要求为"（2）自 2016 年 1 月 1 日（以实际交工验收日期为准）以来，按一个标段完成过一级及以上新（改）建公路 [且该标段中须含一座主线单洞连续长度 500m 及以上隧道工程（分离式隧道长度以较长侧隧道里程桩号计算）]的施工”。

（2）××公司本次投标共提供了两个施工业绩，分别为“××高速××至××段主体工程JTL03合同段”（以下简称“A高速工程”）、“××至××高速公路路基、路面、桥隧工程第ZL3标段”（以下简称“B高速工程”），其中A高速工程既是××公司的资格审查施工业绩，又是其拟派项目经理和施工负责人的施工资格条件业绩。

本机关认为：评标委员会成员应当按照招标文件规定的评标标准和方法，客观、公正地对投标文件提出评审意见。招标文件没有规定的评标标准和方法不得作为评标的依据。本项目招标文件资格审查中施工业绩必须满足“该标段中须含一座主线单洞连续长度500m及以上隧道工程（分离式隧道长度以较长侧隧道里程桩号计算）”的要求。××公司涉案投标业绩“A高速工程”的隧道和“B高速工程”的隧道均为分离式隧道，其隧道较长侧长度信息属于本次“招标资格审核的相关信息”，上述隧道较长侧均为左侧且左侧洞长信息均与××省交通运输厅建设市场诚信信息系统“主要业绩信息一览表”一致。因此，××公司上述业绩不属于招标文件“类似项目‘主要业绩信息一览表’中涉及本次招标资格审核的相关信息与投标文件所附的业绩证明材料不一致的，资格审查不予通过，并报相应交通运输主管部门按有关规定进行处理”规定的情形。评标委员会在复评初步评审阶段以资格审核信息隧道长度不一致为由否决××公司投标文件，不符合招标文件施工业绩资格审查条件要求，同时也未严格按相关规定责令改正要求其进行纠正，投诉情况属实。

根据《工程建设项目招标投标活动投诉处理办法》第二十条的规定，作出如下处理决定：评标委员会在初步评审阶段以资格审核信息隧道长度不一致为由否决××公司投标文件的复评是错误的，根据《招标投标法实施条例》第七十一条“评标委员会成员有下列行为之一的，由有关行政监督部门责令改正：……（三）不按照招标文件规定的评标标准和方法评标”的规定，责令评标委员会改正。

【评析】

《评标委员会和评标方法暂行规定》第二十四条规定：“评标委员会应当根据招标文件，审查并逐项列出投标文件的全部投标偏差。投标偏差分为重大偏差和细微偏差”。对于重大偏差，可以否决投标；对于细微偏差，允许投标人补正。《评标委员会和评标方法暂行规定》第二十六条规定“细微偏差是指投标文件在实质上响应招标文件要求，但在个别地方存在漏项或者提供了不完整的技术信息和数据等情况，并且补正这些遗漏或者不完整不会对其他投标人造成不公平的结果。细微偏差不影响投标文件的有效性”。

本案例中业绩证明材料与“主要业绩信息一览表”中载明的业绩中偏差的部分，仅属于细微偏差，对其进行补正不会造成不公平的结果，也不影响投标文件有效性，不能否决其投标。

【启示】

对于投标文件存在的偏差，评标委员会应当根据招标文件规定的评标标准和方法进行评审，依法判定其属于重大偏差还是细微偏差。对于重大偏差，应当依照法律法规及招标文件的规定进行否决投标。对于细微偏差，应当先通知投标人予以澄清或补正；投标人不补正的，方可在详细评审时依照招标文件的规定作出不利于该投标人的量化。

五、投诉未公平对待所有投标人否决投标

【案例96】

招标投标投诉处理决定书

投诉人：××建设工程有限公司

被投诉人：××开发区政府投资建设项目管理中心

投诉人称：根据××1号供水加压站工程施工总承包招标项目中标候选人公示结果，投诉人的投标文件在评标过程中确定为无效标，对该评标结果有异议，要求重新组织专家评审。

经查：

（1）该项目招标文件第三部分“投标须知通用条款”之“投标文件编制”中第13.8条规定：“属于承包人自行采购的

主要材料、设备，招标人应当在招标文件中提出材料、设备的技术标准或者质量要求，或者以事先公开征集的方式提出不少于3个同等档次品牌或分包商供投标人报价时选择，凡招标人在招标文件中提出参考品牌的，必须在参考品牌后面加上‘或相当于’字样。投标人在投标文件中应明确所选用主要材料、设备的品牌、厂家以及质量等级，并且应当符合招标文件的要求。”

招标文件附表七“投标文件否决性条款审查表”序号第5项规定的评审内容为：“投标文件未按规定的格式填写，或主要内容不全，或关键字迹模糊、无法辨认的”，附注第2点：“凡出现以上任何一项情形，结论均为无效，否则就为有效”。

（2）评标委员会5名成员一致认为，投诉人未在投标文件中明确所选用主要材料、设备的品牌、厂家以及质量等级，根据招标文件，属于主要内容不全，符合“投标文件否决性条款审查表”第5项情形，应当否决其投标。根据评标记录，评标委员会认定投诉人在否决性审查中“不通过”的原因为“不符合招标文件第13.8条要求”。

（3）根据评标结果，××市政公司通过了第二评标阶段针对“投标文件否决性条款审查表”的审查，未被评定为“不符合招标文件第13.8条要求”。经核查，××市政工程有限公司的投标文件中未包含“明确所选用主要材料、设备的品牌、厂家以及质量等级”的材料。

综上所述，该项目对投诉人投标文件的评审是依据招标文件所作出的，投诉人反映其投标文件主要内容齐全、不符合招标文件第 13.8 条要求不应被否决投标、对“这次评标结果有异议”的依据不足。

评标结果中，投诉人因未在投标文件中包含“明确所选用主要材料、设备的品牌、厂家以及质量等级”材料而被评审为未通过否决性条款审查，但投标人 ×× 市政工程有限公司也未在投标文件中包含“明确所选用主要材料、设备的品牌、厂家以及质量等级”的材料，却被评审为通过否决性条款审查，表明该项目招标活动中存在不客观公正评审情况，导致应当参加投标竞争的人未能参加，评标参考价失实，对中标结果造成实质性影响，且不能采取补救措施予以纠正，依据《招标投标法实施条例》第八十一条规定，应当依法重新招标或者评标。

【评析】

本案例涉及评标委员会对不同投标人针对同一事项的评标标准不同，违反公平、公正原则。《招标投标法实施条例》第四十九条规定“评标委员会成员应当依照招标投标法和本条例的规定，按照招标文件规定的评标标准和方法，客观、公正地对投标文件提出评审意见。招标文件没有规定的评标标准和方法不得作为评标的依据”；《评标委员会和评标方法暂行规定》第十七条规定“评标委员会应当根据招标文件规定的评标标准和方法，对投标文件进行系统的评审和比较。招标文件中没有规定的标准和方法不得作为评标的依据”。公平、公正，意味着在评标过程中对待同一问题、情形需要作出同等的处理，不得宽严不一。《招标投标法实施条例》第三十二条规定：“招标人不得以不合理的条件限制、排斥潜在投标人或者投标人。招标人有下列行为之一的，属于以不合理条件限制、排斥潜在投标人或者投标人：……（四）对潜在投标人或者投标人采取不同的资格审查或评标标准。”

本案例中，投诉人与 ×× 市政工程有限公司同样未在投标文件中包含“明确所选用主要材料、设备的品牌、厂家以及质量等级”的材料，但是评标委员会对投诉人的投标进行了否决，却将 ×× 市政工程有限公司的投标予以通过，明显属于对不同投标人采取不同的资格审查或者评标标准，且也属于未按照招标文件确定的评标标准和方法对投标文件进行评审和比较。故评标委员会的行为违反了公平、公正原则。根据《招标投标法实施条例》第七十一条规定，评标委员会成员不按照招标文件规定的评标标准和方法评标的，由有关行政监督部门责令改正，故本案例行政监督部门依法责令招标人重新招标或重新评标。

【启示】

评标委员会在评标过程应严格遵守公平、公正的原则，按照招标文件既定的评标标准与方法进行评标，对相同情形采取相同的评判标准，否决投标或者评审打分要建立在同一基础或同一标准上，以投标文件的响应为依据，做到“同案同判”。评标委员会若对相同情形采取不同的评判标准，对依法应当否决的投标不提出否决意见的，根据《招标投标法实施条例》第七十一条规定，可能会被有关行政监督部门责令改正；情节严重的，可能被禁止在一定期限内参加依法必须进行招标的项目的评标；情节特别严重的，还可能被取消担任评标委员会成员的资格。

六、投诉以“两份报价”否决投标不合规

【案例 97】

招标投标投诉处理决定书

投诉人：×× 有限公司

被投诉人：×× 机电设备招标中心

招标人：×× 市重点公共建设项目管理办公室

投诉人在参加了 ×× 亚运城及市属改扩建场馆高、低压开关柜设备（第一部分）采购及相关服务（标段 1）项目的投标后，就其投标文件被否决投标的理由向我委提出投诉。

投诉人称，其投标文件被否决投标的理由缺乏法律依据。其公司确认的 30613263.00 元作为唱标价格被记录在招标单位的开标纪要中，应视为被投诉人和招标单位知晓并接受了其公司将“A4 开标一览表”中所列的投标总价作为最终投

标价格的声明。其《A2投标书》中的投标总价实属笔误。中标结果缺乏竞争性。

本委查明：

（1）××有限公司投标文件中《A2投标书》的投标总价为18968858.69元；“A4开标一览表”的投标总价为30613263.00元，没有声明哪一个为最终报价。

（2）评标委员会商务组根据《工程建设项目货物招标投标办法》第四十一条否决投标情形“投标人递交两份或多份内容不同的投标文件，或在一份投标文件中对同一招标货物报有两个或多个报价，且未声明哪一个为最终报价的，按招标文件规定提交备选投标方案的除外”的规定，对××有限公司的投标文件按否决投标处理。

（3）评标委员会商务组根据《工程建设项目货物招标投标办法》第四十一条第二款“依法必须招标的项目评标委员会否决所有投标的，或者评标委员会否决一部分投标后其他有效投标不足三个使得投标明显缺乏竞争，决定否决全部投标的，招标人在分析招标失败的原因并采取相应措施后，应当重新招标”的规定，按少数服从多数原则认为××电气有限公司投标文件通过符合性审查，为有效投标，××电气有限公司的投标报价仍然具有竞争性，继续评审。

本委认为，根据《招标投标法》规定，投标截止后，投标人不得补充、修改投标文件。未发现有评标无效的法定情形，根据《工程建设项目招标投标活动投诉处理办法》第二十条第（一）款的规定，驳回投诉。

【评析】

本案例的主要争议点在于投诉人“A4 开标一览表”中所列的投标总价与其《A2 投标书》中的投标总价不同是否构成“两份报价”的否决条件。

《招标投标法实施条例》第五十一条规定：“有下列情形之一的，评标委员会应当否决其投标：……（四）同一投标人提交两个以上不同的投标文件或者投标报价，但招标文件要求提交备选投标的除外……”；《工程建设项目货物招标投标办法》第四十一条第二款也规定：“有下列情形之一的，评标委员会应当否决其投标：……（四）同一投标人提交两个以上不同的投标文件或者投标报价，但招标文件要求提交备选投标的除外……”本案例中，投诉人在投标文件的“A4 开标一览表”与《A2 投标书》中分别提供了两份不同的投标报价，且不能明确哪一个为最终报价，根据上述法律规定，应当否决其投标。

【启示】

一般来讲，招标投标活动中涉及价格的文件有以下几种：

（1）开标一览表。

（2）报价表（报价文件、价格明细等），通常包括单价、数量、总价等条目。

（3）工程量清单。

投标人在制作上述价格文件时务必注意前后一致，包括开标一览表与报价表一致、开标一览表（报价表）内容与投标文件中相应内容一致、总价金额与按单价汇总金额一致、小写金额与大写金额一致、报价文件总价与开标文件总价一致，等等。只有招标文件允许投标人递交备选投标方案的，投标人才可以提交备选投标方案、备选报价，但必须注明主选方案和备选方案。

七、投诉以修改招标文件给定格式为由不通过审查违法

【案例98】

招标投标投诉处理决定书

投诉人：×× 自动化系统控制有限公司

被投诉人：招标人 ×× 烟草公司

相关利害关系人：×× 机电安装有限公司、×× 装饰有限公司、×× 工业设备安装公司

投诉人称：其公司关于 ×× 城 59~68 层智能化系统工程施工专业承包项目投标文件已按招标文件的格式要求填写，格式没有问题，在“主要设备材料品牌响应表”中增加了表的行数，是为清楚填写每种产品的型号，不违背对“主要设

备材料品牌响应表”的响应。

我委经查发现：

（1）招标文件“不编制技术标书的投标文件有效性审查表”第7项内容中规定了投标文件未按规定的格式填写或“设备材料品牌响应表”中所报的设备材料不满足招标人推荐品牌的要求的，则为有效性审查不通过。

（2）投诉人在投标文件中将招标文件中“主要设备材料品牌响应表”表头中招标人推荐品牌的产地改成了品牌地，投诉人投标文件“主要设备材料品牌响应表”中部分主要设备材料产地与报价部分的产地前后不一致，如“主要设备材料品牌响应表”中公共广播系统一项品牌填的是TOA，产地是日本，而在投标文件的报价部分，此项品牌的产地填写为中国。

（3）第三中标候选人投标文件存在与投诉人相同的情况，也改变了招标文件“主要设备材料品牌响应表”的格式内容，将招标文件中“主要设备材料品牌响应表”表头中招标人推荐品牌的产地改成了品牌地，且对于部分招标文件要求产地为日本的主要设备材料，投标文件中响应的产地是中国。但评标委员会没有因此认定该公司有效性审查不通过。

综上所述，本项目评标委员会认定投诉人投标文件不通过有效性审查符合招标文件的规定，但评标委员会对存在同样情况的第三中标候选人却通过了其有效性审查，存在双重标准。根据《工程建设项目施工招标投标办法》第七十九条的规定，该项目存在评标无效的情形。

【评析】

本案例是投诉人因修改招标文件给定的“主要设备材料品牌响应表”的格式，被评标委员会否决投标而产生的投诉。《招标投标法》第二十七条规定：“投标人应当按照招标文件的要求编制投标文件。投标文件应当对招标文件提出的实质性要求和条件作出响应”，如果投标未按照招标文件的格式要求编制投标文件影响评标，可能会构成否决投标。例如擅自变更商务文件、技术文件的目录结构，擅自对招标文件要求提供的内容进行增加、删减、变更，擅自改变工程量清单（包括工程量、暂估价、暂列金额、招标人提供设备材料表、项目特征等内容），或改变报价明细表，都可能影响评标委员会评审，可能被否决投标。

本案例中，招标文件明确规定：“投标文件未按规定的格式填写，或“设备材料品牌响应表”中所报的设备材料不满足招标人推荐品牌的要求的，则为有效性审查不通过”。投诉人一是在“主要设备材料品牌响应表”中增加了表的行数，二是将“主要设备材料品牌响应表”表头中招标人推荐品牌的产地改成了品牌地，事实上擅自改变了招标文件规定的格式，不满足实质性要求，构成“格式不符”，被否决投标具有法律依据。

【启示】

投标人应当严格依照招标文件要求的格式和内容编制投

标文件，切勿对相关格式、内容，尤其是实质性的内容和要求擅自修改。

投标人在编制投标文件期间若对招标文件相关内容存在疑问，或者认为招标文件部分内容有误，应及时向招标人提出澄清要求，切勿自行对相关格式、内容自作主张进行改动后进行响应。

第四节　投诉应否决未否决

一、投诉评标委员会因系统操作失误应否决未否决

【案例 99】

招标投标投诉处理决定书

投诉人：××县水利基础设施投资有限公司（招标人）

被投诉人：评标委员会

投诉事项及主张：××县海塘加固工程项目评标委员会在投标文件符合性审查过程中，询标 9 家单位，澄清不符合招标文件要求被否决 9 家单位，但由于评标委员会成员评标系统操作不到位，未对上述 9 家单位予以否决投标。请求责

令原评标委员会改正错误。

经查明：

（1）招标文件第一章招标公告投标人资格条件要求附表中对于投标人的投标资格要求：“投标人自2005年1月1日至投标截止日完成过单个合同金额500万元及以上的国内海塘工程（海堤工程或围垦工程）的施工业绩；或投标人自2005年1月1日至投标截止日完成过国内水利工程施工业绩，且施工业绩内容中包括合同金额500万元及以上的海塘工程（海堤工程或围垦工程）”。

对于拟派项目负责人的投标资格要求：“拟派项目负责人自2005年1月1日至投标截止日以项目负责人身份完成过国内单个合同金额500万元及以上的海塘工程（海堤工程或围垦工程）的施工业绩；或拟派项目负责人自2005年1月1日至投标截止日以项目负责人身份完成过国内水利工程施工业绩，且施工业绩内容中包括合同金额500万元及以上的海塘工程（海堤工程或围垦工程）”。对于技术负责人的资质要求：“项目技术负责人应持有水利水电工程专业二级及以上建造师注册执业资格（不含临时建造师）和水利类高级及以上技术职称证书”。

（2）招标文件要求投标人及拟派项目负责人近三年（2018年1月1日以来，以法院判决书生效日期为准）无行贿犯罪记录，且未被项目所在地区（县级、市级或省级）水利建设市场限制投标；拟派项目负责人不得存在在建工程。

（3）青 × 水利水电工程局有限责任公司、鸿 × 水利建设有限公司、吉 × 建设有限责任公司、鑫 × 建设工程有限公司、钱 × 水利建筑工程有限公司五家投标单位不符合招标文件投标人资格要求；宏 × 阳生态建设股份有限公司的投标人业绩和拟派项目负责人业绩不符合招标文件要求；汪 × 建设有限公司、碧 × 建设工程有限公司两家投标单位拟派技术负责人无高工资格证书；燕 × 水力资源发展有限公司投标单位承诺书对象不正确。但评标报告显示，该 9 家公司未被否决投标。

本机关认为：该项目评标委员会在评标过程中未按照招标文件评标办法的规定进行评审，应予否决投标而未否决 9 家投标单位，违反了《招标投标法实施条例》第四十九条的规定，投诉情况属实。根据《工程建设项目招标投标活动投诉处理办法》第二十条第二项、《招标投标法实施条例》第七十一条“评标委员会成员有下列行为之一的，由有关行政监督部门责令改正：……（三）不按照招标文件规定的评标标准和方法评标”的规定，作出如下处理决定：责令评标委员会改正。

【评析】

由招标人编制并公开发布的招标文件是招标、投标和评标的依据。评标委员会成员应当依照《招标投标法》及其实施条例的规定，按照招标文件规定的评标标准和方法，客观、公正地对投标文件提出评审意见。投标人不符合国家或者招标文件规定的资格条件的，评标委员会应当否决其投标。《招标投标法实施条例》第七十一条规定，评标委员会成员不按照招标文件规定的评标标准和方法评标，或对依法应当否决的投标不提出否决意见的，由有关行政监督部门责令改正。

本案例中，评标委员会存在未按照招标文件规定进行客观、公正评审的情形，针对不符合招标文件规定的资格条件的9个投标人，未按招标文件规定对其进行否决，违反了法律规定，故行政监督部门经调查核实，确认投诉情况属实，作出责令评标委员会改正的处理决定。

【启示】

评标委员会应当严格审核投标文件，对于符合法律法规或招标文件规定的否决投标情形的，按照“相同情形相同处理”的原则，否决相关投标。

二、投诉中标候选人严重偏离招标文件要求取消其中标资格

【案例100】

招标投标投诉处理意见书

投诉人：××科技有限公司

被投诉人：××楼宇机电工程有限公司

投诉事项及主张：被投诉人在××县人民医院一期迁建工程锅炉及配套设备采购项目投标产品（锅炉）提供的MA锅炉能效测试报告出水温度60℃，回水温度40℃，与招标产品不符，严重偏离招标文件要求。主张：取消被投诉人中标资格。

经查明：

（1）××县人民医院（一期）工程锅炉及配套设备采购招标，经评审，××楼宇机电工程有限公司为第一中标候选人，评标结果公示期为2016年11月4日至11月7日。投诉人于11月5日向招标人提出异议，招标人于11月11答复投诉人。

（2）招标文件投标人须知中第10.1条否决投标的情形明确“（三）技术标符合性内容2.不满足招标文件的第51、52页打★的技术条款要求”，招标文件的第51、52页打★的技术条款为额定功率、锅炉形式、额定出水压力（MPa）、额定负荷热效率（%）四项（其中要求额定负荷热效率≥92%），不包括本次采购锅炉的出、回水温度。

（3）招标文件投标人须知中第3.5.7条（一）实质性响应招标文件资料中未提及国家计量认证标志即MA检测报告，即MA检测报告不作为实质性响应招标文件资料。

（4）招标文件第36页（三）投标文件的技术标中2.技术评分“（4）锅炉热效率横向比较，评级打分（以国家计量认证标志即MA检测报告为准）；1~4分”，提及须提交国家计量认证标志即MA检测报告作为锅炉热效率评分依据，未对锅炉的出、回水温度进行评审。

（5）投标文件中投标产品“方快”锅炉，型号CWNSL2.8−95/70−YQ，设计额定出、回水温度为95/70℃，额定负荷热效率≥96%。

（6）投标文件中提供《MA锅炉效能测试报告》，检测报告为××省锅炉压力容器安全检测研究院（被投诉人申辩中简称“××特检院”不准确）出具，报告显示检测工况下锅炉的出、回水温度为60/40℃，锅炉测试热效率为103%。

本机关认为：根据以上调查，发现招标文件中对本次采购锅炉的出、回水温度的要求为额定出、回水温度为90℃和70℃，且未列入否决投标的实质性条款。投诉人以锅炉能效测试报告中测试工况下的出、回水温度质疑投标产品的额定出、回水温度，缺乏事实依据。招标文件中要求提交的锅炉能效测试报告仅作为评标办法中锅炉热效率技术评分使用，不作为实质性响应招标文件资料，投诉人以未列入否决投标情形的性能指标，要求否决被投诉人的投标文件，缺乏法律依据。根据《工程建设项目招标投标活动投诉处理办法》第二十条第（一）款作出如下处理意见：投诉缺乏事实根据或法律依据，驳回投诉。

【评析】

由招标人编制并公开发布的明确资格条件、合同条款、评标方法和投标文件响应格式的招标文件，是投标和评标的依据。招标人编制的招标文件应当包含招标项目的实质性要求和条件，投标人应当对招标文件提出的实质性要求和条件作出响应，否则其投标将被否决。

《招标投标法》第二十七条第一款规定："投标人应当按照招标文件的要求编制投标文件。投标文件应当对招标文件提出的实质性要求和条件作出响应"。根据《招标投标法实施条例》第五十一条规定，投标文件没有对招标文件的实质性要求和条件作出响应的，评标委员会应当否决其投标。招标文件未包含的实质性要求和条件，投标人未作出响应的，不得作为否决投标的理由。

本案例中，投诉人诉称被投诉人 ×× 楼宇机电工程有限公司投标产品（锅炉）提供的 MA 锅炉能效测试报告出水温度 60℃，回水温度 40℃，与招标产品不符，严重偏离招标文件要求，主张取消被投诉人中标资格。行政监督部门经调查，发现招标文件中对本次采购锅炉的出、回水温度的要求未列入否决投标的实质性条款。故招标文件中要求提交的锅炉能效测试报告仅作为评标办法中锅炉热效率技术评分使用，不作为实质性响应招标文件资料，投诉人以未列入否决投标情形的性能指标，要求否决被投诉人的投标文件，缺乏法律依据。

【启示】

招标人应根据招标项目实际需要在招标文件中就否决投

标的情形、实质性要求和条件、评审打分等项目分别作出详尽的规定。评标委员会成员和投标人应仔细研读招标文件，准确评审或响应。招标文件未列为实质性要求和条件的内容，不作为投标文件必须要实质性响应的内容进行评审，即使不满足该要求，也不能以此偏差为由否决投标。

三、投诉应对超出最高限价的投标予以否决

【案例 101】

招标投标投诉处理决定书

投诉人：×× 航运建设开发有限公司

被投诉人：评标委员会

投诉事项及主张：钱塘江中上游 ×× 航运开发工程小溪滩船闸和安仁铺船闸工程控制系统、电气与照明系统施工标段的评标过程中，评标委员会对一家报价超出投标控制价的单位未作否决投标处理，导致评标结果错误。要求重新计算该标段商务得分，并更正评标结果。

经查明：

（1）钱塘江中上游 ×× 航运开发工程招标，×× 电力控制工程有限公司被推荐为中标候选人。公示期为 2017 年 03 月 23 日至 03 月 26 日。

（2）招标文件投标人须知前附表“投标报价”第 3.2.7 条

载明“招标人设有投标控制价，投标控制价以招标人报造价审核部门审核后的以施工图预算为基础的工程量清单预算，再乘以随机抽取的调整系数来确定……投标人的报价应控制在招标人设定的投标控制价（含）以下，高于投标控制价的报价，作否决投标处理”。

（3）招标文件第二号补遗书公布的工程量清单预算为17614623元，调整系数三个值分别为0.95、0.96、0.97。开标记录中现场抽取的调整系数为0.95。根据招标文件规定的计算方式，投标控制价为17614623×0.95元=16733891.85元。

（4）开标记录公示的八家投标单位中，××信息技术有限公司投标报价为16880387.42元，是唯一报价高于投标控制价的投标单位。

本机关认为：本项目评标过程中，评标委员会未按照《招标投标法实施条例》第七十一条第（六）项的规定，对报价超过投标控制价的投标提出否决意见，投诉反映情况属实。根据《工程建设项目招标投标活动投诉处理办法》第二十条第（二）项的规定，作出如下处理意见：投诉成立，责令评标委员会改正。

【评析】

评标委员会在评标过程中应当严格依照招标投标法律规定和招标文件要求进行评审，对于不符合招标文件实质性要求和条件，投标报价超出最高限价的投标，应当予以否决。

《招标投标法实施条例》第五十一条规定："有下列情形之一的，评标委员会应当否决其投标：……（五）投标报价低于成本或者高于招标文件设定的最高投标限价"；该条例第七十一条规定："评标委员会成员有下列行为之一的，由有关行政监督部门责令改正：……（六）对依法应当否决的投标不提出否决意见"。根据上述规定，对于高于最高投标限价的投标，评标委员会应当否决未否决，行政监督机关经查明情况属实的，应依法作出责令改正等处理意见。

本案例中，招标文件载明设有投标控制价，投标人的报价应控制在招标人设定的投标控制价（含）以下，高于投标控制价的报价，应作否决投标处理。根据招标文件规定的计算方式，本次投标控制价应为16733891.85元。而被投诉人的投标报价为16880387.42元，其报价明显高于招标文件规定的最高限价，应当被否决。评标委员会对超过投标控制价的投标未予否决，违反法律规定，故行政监督部门根据《招标投标法实施条例》第七十一条规定作出责令其改正的处理意见。

【启示】

招标人可以在招标文件中设定最高投标限价。评标委员会应当严格依照招标投标法律规定和招标文件要求，对投标文件进行全面评审，应当核实投标人是否存在投标报价超出招标人公布的最高投标限价的情形，如果超出最高限价，应当依法否决其投标。

四、投诉项目经理资格不合格的投标应予以否决

【案例 102】

招标投标投诉处理决定书

投诉人：×× 园林建设有限公司

被投诉人：×× 园林绿化有限公司

投诉事项及主张：×× 湖高速公路工程绿化施工标段中标候选人拟派项目经理 ×× 在 ×× 市 2016 年绿地养护管理工程第九标段中担任项目经理，截至目前该项目尚未完工。中标候选人拟派项目经理 ×× 不符合招标文件要求，主张对其投标文件作否决投标处理，并按照招标文件规定相应处罚。

经查明：

（1）本项目经评审，×× 园林绿化有限公司被推荐为中标候选人，公示期为 2017 年 5 月 31 日至 6 月 4 日。

（2）招标文件资格审查条件对项目经理资格要求为“……2. 拟委任项目经理未在其他在建合同工程中任项目经理……”

（3）×× 市 2016 年绿地养护管理工程招标公告中第九标段计划工期为 2016 年 11 月 30 日至 2018 年 11 月 30 日止，招标文件规定“合同一年一签”。该工程第九标段中标通知书

显示，中标人为 ×× 园林绿化有限公司，项目经理为 ××，工期为 2016 年 11 月 30 日至 2018 年 11 月 30 日止。

（4）×× 园林绿化有限公司于 2016 年 12 月 5 日向 ×× 市园林管理处提交项目经理变更申请，业主于 2016 年 12 月 6 日同意项目经理的变更申请，明确 ×× 市 2016 年绿地养护管理工程项目经理由 ×× 更换为 ××。

（5）被投诉人本次投标拟派项目经理为 ××，投标文件未附其已从其他项目更换的相关材料。

（6）招标文件资格审查条件（项目经理与项目总工程师最低要求）规定，“拟委任项目经理未在其他在建合同工程中任项目经理……该合同工程未通过验收或合同解除前，合同协议书中明确的项目经理已经更换的，则现任项目经理视为有‘在建合同工程’，同时应在投标文件中附该合同工程项目发包人的同意更换证明材料，否则更换前后的项目经理均视为有‘在建合同工程’。”

本机关认为：×× 市 2016 年绿地养护管理工程第九标段招标文件、中标通知书均已明确本次标的内容为绿化养护，履行期限为 2016 年 11 月 30 日至 2018 年 11 月 30 日止，项目经理 ×× 更换为 ××，目前该工程尚未完工。被投诉人在本次投标的投标文件中未附拟派项目经理 ×× 从其他项目更换的证明材料，属于招标文件资格审查条件规定的“视为有‘在建合同工程’”的情况，不符合招标文件对拟派项目经理的资格要求。

根据《工程建设项目招标投标活动投诉处理办法》第二十条第（二）项规定，作出如下处理意见：投诉成立。招标人根据招标投标法律法规和招标文件的规定完成后续招标事宜。

【评析】

招标人编制并公开发布的明确资格条件、合同条款、评标方法和投标文件响应格式的招标文件，是投标的依据，也是评审的依据。投标文件不符合招标文件规定的资格条件的，将被否决投标。《招标投标法实施条例》第五十一条对评标委员会应当否决其投标的情形做了规定，即“有下列情形之一的，评标委员会应当否决其投标：……（三）投标人不符合国家或者招标文件规定的资格条件。”投标人资格条件是招标文件的实质性要求，其中对于工程建设项目而言，拟委任项目经理不得在其他在建合同工程中任项目经理，招标人也都会在招标文件将其作为投标人资格条件之一。不满足该项条件的，评标委员会应当否决其投标。

本案例中，被投诉人拟派项目经理 ×× 在尚未完工的其他工程中曾担任项目经理，虽然事实上该工程项目发包人同意项目经理已更换，但被投诉人在本次投标的投标文件中未附证明材料，属于招标文件规定的“视为有‘在建合同工程’”的情形，不符合招标文件对拟派项目经理的资格要求，属于应否决投标但未否决的情形。

【启示】

对于工程建设项目施工招标，拟任项目经理不得同时在其他建设工程项目担任项目经理，但有下列情形之一的除外：

（1）同一工程相邻分段发包或分期施工的。

（2）合同约定的工程验收合格的。

（3）因非承包方原因致使工程项目停工超过120天（含），经建设单位同意的。

拟委任项目经理曾在其他在建合同工程中任项目经理，经工程项目发包人的同意更换后事实上未在其他在建合同工程中任项目经理，对于此种情形，应当按照招标文件要求在投标文件中附该合同工程项目发包人同意更换的证明材料。

五、投诉对未提供“无行贿犯罪记录”的单位应一视同仁否决投标

【案例103】

招标投诉处理意见书

投诉人：××标识工程有限公司

被投诉人：本项目评标委员会

投诉事项及主张：投诉人因其投标文件未提供“无行贿犯罪记录”而被否决，该单位认为其他投标人也存在类似问

题。主张：要求评标委员会一视同仁，重新组织专家审查。

经查明：

（1）招标文件第3页“第一章招标公告”中资格条件“1. 投标人自2014年9月1日起至投标截止日止无行贿犯罪记录。

（2）招标文件第15页“第二章投标人须知前附表第10.1条否决投标的情形”中“二、投标文件存在以下情形之一的，由评标委员会审核并经过询标程序，其投标文件将被否决”中“（一）形式及资格等符合性内容第一条‘投标人的资质、业绩、人员、设备等条件未满足招标文件实质性响应要求的（以投标人须知前附表第3.5.7条中一、实质性响应招标文件资料内容为准）’”。

招标文件第10页“第二章投标人须知前附表第3.5.7条”中“一、实质性响应招标文件资料”未设置“无行贿犯罪记录”相关资料。

（3）招标文件第17页“第二章投标人须知前附表第10.3条定标”中“一、招标人定标前查询拟中标人自2014年9月1日起至投标截止日的行贿犯罪记录。有行贿犯罪记录的，取消其中标资格，招标人将重新招标”。

（4）无行贿犯罪记录查询的时间区间为投标截止之日上溯不少于三年。投标人不必提供外证或自证材料，由招标人在定标前查询。

（5）该项目的其他投标人在投标文件中提供了“无行贿

犯罪记录”，但查询期限未到投标截止日。

本机关认为：经调查，招标文件中未要求投标人在投标时提供“无行贿犯罪记录”，该资料是由招标人定标时对中标人进行查询。评标委员会理解有误，未按招标文件规定的评标标准和方法评标。对于投诉问题，根据《工程建设项目招标投标活动投诉处理办法》第二十条第（二）项、《招标投标法实施条例》第七十一条的规定，作出如下处理意见：投诉成立，责令改正。

【评析】

评标委员会应当严格依照招标文件规定的资格条件、评标方法和投标文件响应格式，进行逐项评审，投标文件不符合招标文件规定的资格条件的，评标委员会应当否决其投标。招标文件中规定提交“无行贿犯罪记录”，作为限制投标资格条件的，评审委员会应当根据评标方法针对所有投标人进行资格审查，对具有行贿犯罪记录的投标人应当予以否决。评标委员会不按照招标文件规定的评标标准和方法评标的，根据《招标投标法实施条例》第七十一条规定，由有关行政监督部门责令改正；情节严重的，禁止其在一定期限内参加依法必须进行招标的项目的评标；情节特别严重的，取消其担任评标委员会成员的资格。

本案例中，招标文件的资格条件要求载明：“投标人自2014年9月1日起至投标截止日止无行贿犯罪记录。”同时标注了由招标人自行查询，有行贿犯罪记录的，取消其中标资格，招标人将重新招标。评审过程中，评标委员会未尽合理注意义务，对招标文件资格要求理解错误，以投诉人的投标文件中未提供“无行贿犯罪记录”而否决其投标，属于《招标投标法实施条例》中规定的“未按招标文件规定的评标标准和方法评标”的情形，故行政监督部门经调查作出了投诉成立、责令纠正的处理意见。

【启示】

一般招标文件会要求提供近三年投标人或其法定代表人“无行贿犯罪记录”，作为投标人的资格条件。对于“无行贿犯罪记录”，可由招标人或评标委员会自行通过中国裁判文书网查询。

六、投诉其他投标人许可证不合格应否决投标

【案例 104】

招标投标投诉处理决定书

投诉人：××信息工程有限公司

被投诉人：××电子信息机器有限公司

招标人：××轨道交通有限公司

投诉人称：

××电子信息机器有限公司在本次××城际快速轨道

交通 ×× 至 ×× 段工程治安监控通信系统采购项目投标的 APEX 品牌系列安防设备，没有获得生产批准登记证书，按照国家、地方法律法规，禁止生产和销售。招标文件第 61 页第 16.9 条规定“卖方所供的货物必须已得到中华人民共和国有关部门的使用许可”，并将此条款标注“×”号作为不允许偏离的条款。根据评标办法商务符合性评审表第 5 项“不允许偏离的合同条款审查”，×× 电子信息机器有限公司不应通过符合性审查。

经我委查实：

（1）招标文件《合同书》部分“保证——通用条款第 16 条”中第 16.9 条规定：“卖方所供的货物必须已得到中华人民共和国有关部门的使用许可，并按政府有关部门的规定办理有关手续”。招标文件的“对合同条款响应的一览表”第 16 项“保证”为“×”条款。招标文件“商务符合性评审表（1）”中第 5 点审查内容为“不允许偏离的合同条款审查”。×× 电子信息机器有限公司在投标文件中“A5 合同条款的响应一览表”第 16 项“保证”一项填写了“完全响应”。

（2）《安全技术防范产品管理办法》第七条规定：“实行生产登记制度的安全技术防范产品，未经公安机关批准生产登记的，禁止生产和销售。”《中华人民共和国公安部关于规范安全技术防范行业管理工作几个问题的通知》（公科〔2004〕50 号）规定的实施生产登记批准制度的安防产品包括“报警系统视频监控设备”。

（3）在本项目投标中，×× 电子信息机器有限公司选用的 APEX 安防产品，未取得生产登记批准书。该项目评标时 ×× 电子信息机器有限公司被评标委员会推荐为第一中标候选人。

本委认为，招标文件《合同书》第 16.9 条是实质性条款，澄清不得超出投标文件的范围或者改变投标文件的实质性内容。×× 电子信息机器有限公司本项目投标所选用的 APEX 安防产品，不符合《安全技术防范产品管理办法》第七条的规定。根据《工程建设项目货物招标投标办法》第四十三条规定和《评标委员会和评标办法暂行规定》第二十五条的规定，×× 电子信息机器有限公司的投标文件应按否决投标处理。请招标人依法进行后续工作。

【评析】

投标人提供的投标文件如不符合招标文件实质性要求和条件，存在重大偏差的，评标委员会应当直接否决投标。《招标投标法实施条例》第五十一条规定："有下列情形之一的，评标委员会应当否决其投标：……（三）投标人不符合国家或者招标文件规定的资格条件。"《评标委员会和评标办法暂行规定》第二十五条规定："下列情况属于重大偏差：……（七）不符合招标文件中规定的其他实质性要求。投标文件有上述情形之一的，视为未能对招标文件作出实质性响应，并按本规定第二十三条规定作否决投标处理。招标文件对重大偏差另有规定的，从其规定。”《工程建设项目货物招标投标办法》第四十三条规定：“投标文件不响应招标文件的实质性要求和条件的，评标委员会不得允许投标人通过修正或撤销其不符合要求的差异或保留，使之成为具有响应性的投标。”根据上述规定，在评标过程中，评标委员会发现投标文件中存在未响应招标文件实质性要求和条件（如需具备相应生产许可、强制认证）时，应当直接否决投标，而不能通过澄清改变投标文件实质性内容。

本案例中，招标文件第16.9条规定载明：“卖方所供的货物必须已得到中华人民共和国有关部门的使用许可”，并将此条款标注“×”号作为不允许偏离的条款。根据《安全技术防范产品管理办法》第七条规定“实行生产登记制度的安全技术防范产品，未经公安机关批准生产登记的，禁止生产和销售”。本案例招标人在治安监控通信系统项目中所采购的“报警系统视频监控设备”需实施生产登记批准制度的安防产品。经查，被投诉人选用的安防产品，未取得生产登记批准书，按上述规定应当否决其投标。

【启示】

国家为了保障生产安全、人民健康和交易秩序，对特定行业授予经营资格、资质等行政许可，其伴随着从生产到使用的各个环节，比如设计资质、各类生产许可、安装许可等。以工业产品为例，要有工业产品生产许可证、特种设备生产（包括设计、制造、安装、改造、修理）许可、强制性认证产品。具体资质要求由招标人在满足国家相关法律法规前提下，根据招标项目具体特点和实际情况确定。评标委员会应当严格依照法律规定及招标文件要求对投标人的资质、业绩等条件进行审查，对应当否决的投标人予以否决，不得允许投标人通过修正或撤销其不符合要求的差异或保留，使之成为具有响应性的投标。

七、投诉其他投标人资质不合格应当否决投标

【案例 105】

招标投标投诉处理决定书

投诉人一：×× 装饰股份有限公司

投诉人二：×× 装饰安装工程有限公司

被投诉人一：×× 设计工程有限公司（主体单位）/×× 电力工程有限公司 /×× 消防机电工程有限公司联合体（第一中标候选人）

被投诉人二：×× 建设集团有限公司（主体单位）/×× 建设工程有限公司联合体（第二中标候选人）

被投诉人三：×× 装饰工程有限公司（第三中标候选人）

招标人：×× 市民防办公室（×× 市人民防空办公室）

投诉人认为：

（1）经在 ×× 建设工程交易中心（以下简称“交易中心”）

企业库查询，第一中标候选人××设计工程有限公司（主体单位）/××电力工程有限公司/××消防机电工程有限公司联合体各方均没有“承装（修、试）电力设施许可证五级或以上”资质，联合体成员××电力工程有限公司的营业执照和安全生产许可证已过有效期，不符合招标公告要求，应为无效标书。

（2）要求核实前三名中标候选人的余泥渣土运输单位是否合法。

经查：

（1）该项目（××市××号地下人防工程施工专业承包项目）招标公告（含补充公告）第十一条规定，要求投标人持有建设行政主管部门颁发的安全生产许可证及具备承装（修、试）电力设施许可证五级或以上资质。

（2）根据交易中心投标存档资料显示，2009年12月25日中午12时（即该项目开标当日），××设计工程有限公司（主体单位）/××电力工程有限公司/××消防机电工程有限公司联合体各方均没有“承装（修、试）电力设施许可证五级或以上”资质，其中联合体成员单位××电力工程有限公司营业执照下次年检截止日期为2006年7月31日，安全生产许可证有效期到2008年2月25日。

根据××设计工程有限公司的申辩材料，其联合体成员××电力工程有限公司的营业执照、安全生产许可证均在有效期内，也具有“承装（修、试）电力设施许可证五级或以上”

资质。

我委认为：鉴于××设计工程有限公司（主体单位）/××电力工程有限公司/××消防机电工程有限公司联合体各方在该项目交易中心企业库资料中（2009年12月25日中午12时）均没有“承装（修、试）电力设施许可证五级或以上”资质及联合体成员单位××电力工程有限公司在交易中心企业库中（2009年12月25日中午12时）安全生产许可证已过期，不符合招标文件规定的资格条件。评标委员会的上述行为违反了《招标投标法》第四十条的规定。

综上所述，我委决定，根据《工程建设施工项目招标投标办法》第七十九条的规定，该项目评标无效。

【评析】

投标人及其他利害关系人在招标投标活动过程中，如发现招标人或其他投标人存在违法、违规情形的，例如评标委员会未严格按照招标文件规定的方法和标准进行评审、对招标文件理解错误导致应否决但未否决或错误否决、其他投标人不符合招标文件要求的资格进行投标且评审委员会未予否决等可能影响评标结果公正性等情形，可以依法提出异议或进行投诉。根据《招标投标法实施条例》第五十一条规定，评标委员会在评审过程中，应当对投标人是否符合招标文件要求进行审查，投标人存在不符合招标文件资格条件或实质性要求（其中，建筑业企业资质即为法律规定的重要的投标人资格条件）时，评标委员会应当予以否决。

本案例中，投诉人发现中标候选人存在未取得“承装（修、试）电力设施许可证五级或以上”资质、营业执照和安全生产许可证已过期等不符合招标文件要求的情形，但评审委员会未对其投标进行否决，评审结果存在错误。投诉人依法投诉，行政监督部门受理后，经查明中标候选人缺乏相应的资质条件且安全许可证已过期，不符合招标文件规定的资格条件，依照《工程建设施工项目招标投标办法》第七十九条的规定，认定该项目评标结果无效。

【启示】

建筑业企业资质是法律的强制性要求，如投标人不具备相应资质或资质等级与招标项目不相匹配，则不具备承担相应招标项目的资格，评标委员会应当否决其投标。

八、投诉其他投标人提交两个报价应当否决投标

招标投标投诉处理决定书

投诉人：×× 设计工程有限公司

被投诉人一：×× 建设有限公司（招标人）

被投诉人二：×× 市政工程监理有限公司（招标代理

机构）

投诉人称，×× 新城核心区市政交通项目装饰装修工程施工专业承包（三标）项目投标人 ×× 美术公司的投标报价大小写不一致，其投标报价大写为伍仟伍佰零叁拾玖万零肆拾元柒角叁分，小写为 55039040.73 元。按照招标文件附表二“编制技术标书的经济表有效审查表”第 2 条规定，对同一招标项目出现两个或以上的投标报价，且没有申明哪个有效，则该投标书按无效标书处理。所以，其经济标投标书应当作为无效标书。

经我委查实：

（1）该项目招标控制价为 55231940.99 元。

（2）×× 美术公司《×× 建设工程施工招标投标书》中大写报价表述为“伍仟伍佰零叁拾玖万零肆拾元柒角叁分”，小写报价为 55039040.73 元。

（3）本项目招标文件第 42.5.1 条规定：如果数字表示的金额和文字表示的金额不一致时，应以文字表示的金额为准。

我委认为，×× 美术公司的投标报价（大写）已经超过本项目投标限价，根据本项目评标办法中“编制技术标书的经济标有效性审查表”第 3 点的规定，其投标文件应作为否决投标处理。评标委员会没有将其投标文件作否决投标处理，却经过评审推荐其为第一中标候选人。本项目评标委员会没有按照招标文件确定的评标标准和方法进行评标。

综上所述，根据《工程建设项目施工招标投标办法》第七十九条的规定，我委决定，本项目评标无效。

【评析】

根据《招标投标法实施条例》第五十一条第四款规定，同一投标人提交两个以上不同的投标文件或者投标报价，评标委员会应当否决其投标，但招标文件要求提交备选投标的除外。实践中，常见的大小写不一致、总价单价金额不一致等问题，不属于上述规定的“两个报价”。根据《评标委员会和评标方法暂行规定》第十九条第二款规定，投标文件中的大写金额和小写金额不一致的，以大写金额为准；总价金额与单价金额不一致的，以单价金额为准，但单价金额小数点有明显错误的除外；对不同文字文本投标文件的解释发生异议的，以中文文本为准。评标委员会可以根据上述规则进行价格修正并要求投标人进行确认。

本案例中，投诉人以被投诉人提交两份报价应当否决其投标为由提起投诉。经查，被投诉人存在提交的报价大小写金额不一致的问题，这种情形不属于两份报价，而应当按照《评标委员会和评标方法暂行规定》第十九条第二款规定的投标报价修正规则进行修正，以大写金额为准，但被投诉人的大写金额报价高于最高投标限价，明显超过了该项目的最高投标限价，评标委员会应当否决其投标。

【启示】

招标文件未要求投标人提交备选投标报价，同一投标人针对同一项目提交两个以上不同的投标报价，应当视为无效投标。但需注意的是，投标报价大小写金额不一致的、总价与单价不一致、小数点标注错误等情形，根据法律规定，不属于“两份报价”，应当按照规定进行价格修正，并经投标人确认后，以此作为评标价格评审。

九、投诉虚假投标应当否决投标

【案例 107】

招标投标投诉处理决定书

投诉人：×× 建工集团第二建筑工程有限责任公司

被投诉人一：×× 集团有限公司

被投诉人二：×× 建设集团有限公司

1. 投诉事项及主张

投诉人投诉 ×× 县北部新区污水处理（第二次）施工招标第一中标候选人 ×× 集团有限公司投标业绩“小沟污水处理厂新建项目”涉嫌提供虚假业绩投标。

投诉第二中标候选人 ×× 建设集团有限公司投标业绩“×× 海环湖截污工程设计采购施工（EPC）总承包”项目在全国建筑市场监管公共服务平台查询不到任何信息。

投诉人认为评标委员会应否决被投诉人的投标，请求重新组织评标委员会对所有投标人的投标文件进行复核。

2. 调查认定的基本事实

（1）×× 县北部新区污水处理（第二次）施工招标第一中标候选人 ×× 集团有限公司投标业绩“小沟污水处理厂新建项目”为虚假业绩。

（2）第二中标候选人 ×× 建设集团有限公司投标业绩为“×× 海环湖截污工程设计采购施工（EPC）总承包”，投标文件截图显示施工企业为“×× 建设集团有限公司”，但该公司投标文件提供的“中标通知书、合同文件、竣工验收合格证明书”等业绩证明材料均能证明中标单位即 ×× 建设集团有限公司，所以认定评标委员会评审无误。

3. 处理意见及依据

×× 集团有限公司提供虚假业绩投标，根据《招标投标法实施条例》第五十五条：“排名第一的中标候选人放弃中标、因不可抗力不能履行合同、不按照招标文件要求提交履约保证金，或者被查实存在影响中标结果的违法行为等情形，不符合中标条件的，招标人可以按照评标委员会提出的中标候选人名单排序依次确定其他中标候选人为中标人，也可以重新招标”的规定，经研究，本机关决定：×× 集团有限公司中标无效，由招标人 ×× 环境综合整治有限公司按照评标委员会提出的中标候选人名单排序依次确定其他中标候选人为中标人，也可以重新招标。

【评析】

《招标投标法》第五十四条规定：“投标人以他人名义投标或者以其他方式弄虚作假，骗取中标的，中标无效，给招标人造成损失的，依法承担赔偿责任；构成犯罪的，依法追究刑事责任。”《招标投标法实施条例》第五十一条规定：“有下列情形之一的，评标委员会应当否决其投标：……（七）投标人有串通投标、弄虚作假、行贿等违法行为。”该条例第六十八条规定：“投标人以他人名义投标或者以其他方式弄虚作假骗取中标的，中标无效……”因此，投标人如果以虚假业绩投标骗取中标，应否决其投标，即使中标，其中标也无效。《招标投标法实施条例》第四十一条规定的虚假投标行为主要有：①使用伪造、变造的许可证件。②提供虚假的财务状况或者业绩。③提供虚假的项目负责人或者主要技术人员简历、劳动关系证明。④提供虚假的信用状况。⑤其他弄虚作假的行为。本案例中，××集团有限公司提供的投标业绩为虚假业绩，属于《招标投标法实施条例》第四十一条规定的典型的虚假投标行为。评标委员会应否决其投标。因已定标，则应根据上述规定认定其中标无效。

【启示】

招标人或评标委员会可通过协查方式核实供应商资格条件。实行资格预审或实行资格后审的，招标人可要求资格预审申请人提交相关资格证明文件原件，或要求投标人在投标截止时间之前提交资格证明文件原件核实，或在评标过程中要求投标人澄清或提交原件核实。招标人也可进行现场资格核实，或者采取书面外调、网上信息查询、第三方协查、公证等途径调查核实投标人资格，如联系资质证书、生产许可证、试验报告等出具单位，对证书、报告的真实性予以鉴别。在中标候选人公示期间，招标人发现中标候选人可能提供虚假材料影响其履约能力的，可以组织原评标委员会重新核实。

招标人应事前对虚假投标行为提出否决性惩戒措施，如在招标文件中规定："投标人串通投标、弄虚作假、以他人名义投标、行贿或有其他违法行为的，其投标将被否决，且招标人不退还投标保证金，招标人还将有权拒绝该投标人在今后一段时间内的任何投标"。

十、投诉投标授权书不合格应当否决

【案例108】

招标投标投诉处理决定书

投诉人：×× 建设集团有限公司

被投诉人：五 × 集团有限公司

招标人：×× 建设运营有限公司

投诉人称：×× 区拆迁安置区一期工程施工总承包（标

段C）项目投标人五×集团有限公司授权委托证明书中委托期限为“2021年10月24日至2022年1月24日”，不够120天有效期，不满足招标文件有效期120天的要求，应当否决其投标。

经查：本项目招标文件投标须知前附表第15.1条内容为“投标有效期120日历天”。附表一“资格审查表”第1项审查内容为“投标人参加投标的意思表达清楚，投标人代表被授权有效；须审查的资料：投标人声明、法定代表人证明书；委托投标的还应提供法人授权委托证明书”。经查，五×集团有限公司投标文件投标函第7点已对投标有效期进行响应；投标文件中同时提交了投标人声明、法定代表人证明书及授权委托证明书，且授权有效。评标委员会未否决其投标。

综上所述，投诉人的投诉事项缺乏事实依据，根据《工程建设项目招标投标活动投诉处理办法》第二十条第一项规定，驳回投诉。

【评析】

《民法典》第一百六十一条第一款规定：“民事主体可以通过代理人实施民事法律行为。”在招标投标活动中，投标人委托投标授权代表办理投标事宜即为民事代理常见类型。投标文件中要求提供授权委托书的意义在于确认投标授权代表有权代理投标人从事投标行为，具有法律效力。若投标人无法提供合法、有效的授权委托书，评审委员会应当否决其投标。

根据《民法典》总则第一百六十五条规定："委托代理授权采用书面形式的，授权委托书应当载明代理人的姓名或者名称、代理事项、权限和期限，并由被代理人签名或者盖章。"授权委托书满足上述条件即为有效。

本案例中，被投诉人根据招标文件要求，在其投标文件中提交了投标人声明、法定代表人证明书及授权委托书，且授权代理人在其授权期限内以投标人名义进行相关的投标活动具有法律效力，故投诉事项缺乏事实依据，不能成立。

【启示】

投标人应当根据《民法典》《招标投标法》及招标文件要求，提供合法、有效、规范的授权委托书。授权委托书应当为书面形式，并载明代理人的姓名或名称，明确代理事项、范围、权限及期限，并由被代理人签字或者盖章。除了满足上述要件之外，投标人还需仔细阅读招标文件是否对授权委托书的内容、格式存在特别规定，投标人应当按照招标文件规定的要求提供授权委托书，避免因授权委托书内容缺失、约定不明确、委托期限届满、未加盖公章或签字等原因，导致授权委托书无效而被否决投标。

十一、投诉投标文件签字盖章不合格应当否决

【案例 109】

招标投标投诉处理决定书

投诉人：×× 建设有限公司

被投诉人：评标委员会

1. 投诉事项及主张

投诉人 ×× 建设有限公司认为 ×× 县 ×× 公园施工招标重新评标时评标委员会未按照招标文件规定的评标办法进行评审，重新评标结果第一中标候选人 ×× 建筑工程有限公司的财务报告在重新评标前招标人复核存在签字盖章不齐全的问题，重新评标时应被否决投标。重新评标后，招标人委托 ×× 会计师事务所对全部 11 家投标人的财务审计报告及财务报表的有效性进行了形式审查，发现全部 11 家投标人提供的财务审计报告及财务报表均不符合招标文件投标人须知前附表第 1.4.1 条财务要求的规定，应否决所有投标人投标，请求按规定重新招标。

2. 调查认定的基本事实

重新评审中标候选人第一名 ×× 建筑工程有限公司提供的财务报表签字是计算机打印而非手写签字，中标候选人第二名 ×× 建设集团有限公司提供的财务报表只有签字没有盖章，中标候选人第三名 ×× 市政园林建设有限公司提供的近

三年年度财务报表审计报告无防伪编号和防伪码。其均不符合招标文件第 1.4.1 条财务要求："招标人须在招标文件资格审查部分提供经会计师事务所或审计机构审计的财务审计报告及财务报表复印件，财务报表须至少包括现金流量表、资产负债表、利润表。且以上审计报告、财务报表签字盖章应齐全"的规定。

3. 处理意见及依据

投诉人的投诉事实清楚，法律依据充分，经研究，本机关决定：根据《×× 市招标投标活动投诉处理实施细则》第三十一条："依法必须进行招标项目的评标活动，违反《招标投标法》和招标投标法实施条例规定，对中标结果造成实质性影响，且不能采取补救措施予以纠正的，评标无效，应当依法重新组建评标委员会评标"的规定，×× 县 ×× 公园施工招标重新评标时评标委员会未按照招标文件规定的评标办法和标准进行评审，对中标结果造成了实质性影响，重新评标无效，由招标人依法重新第二次组建评标委员会评标。

【评析】

投标人在编制投标文件时，应当仔细阅读招标文件相关要求，提供充分响应的投标文件，招标文件要求投标人提供的投标文件需签字盖章的，但投标人未按要求提供的，应当否决其投标。

根据《招标投标法实施条例》第五十一条规定，投标文件没有对招标文件的实质性要求和条件作出响应，评标委员会应当否决其投标。评标委员会在评审过程中，应当严格按照招标文件要求对投标文件进行形式及实质内容的审查。招标文件要求投标人提供具有签字盖章的审计报告、财务报表，投标文件不满足招标文件上述实质性要求的，评标委员会应当否决其投标。

本案例中，涉案招标项目在招标文件第 1.4.1 条中明确规定："审计报告、财务报表签字盖章应齐全"。审计报告和财务报表属于招标文件资格审查要求的实质性内容，投诉人发现评标结果中的中标候选人第一名提供的财务报表签字是计算机打印而非手写签字，中标候选人第二名提供的财务报表只有签字没有盖章，不符合招标文件要求，应当被否决。评标委员会在评审过程中，未按照招标文件规定的评标办法和标准进行严格、仔细评审，对招标结果造成实质性影响，此情形下依法应由招标人重新组织评审。

【启示】

投标人应当严格依照招标文件要求提供签字并加盖公章的完整投标文件，并且应当由公司法定代表人或授权委托人进行签字，授权委托人签字的还必须提供合法有效的授权委托书。如招标文件规定可以使用投标专用章的，方可以使用投标专用章，如未明确或明确规定应当使用公司公章的，应当使用公章，以公司名义进行投标活动。必要时，还应增加专人复核环节，对照招标文件要求逐页核对盖章签字情况，避免因不符合招标文件要求或被认定主体资格不明确而被否决投标。

十二、投诉业绩不合格应当否决

【案例 110】

招标投标投诉处理意见书

投诉人：××勘测设计研究院有限责任公司

被投诉人：××勘察设计研究院有限公司

投诉事项及主张：在××市域轨道交通工程第三方测量02标段评标过程中，投诉人××勘测设计研究院有限责任公司认为中标候选人××勘察设计研究院有限公司业绩“××市轨道交通3号线工程测量”造假且不满足招标文件中投标人业绩要求、业绩“××铁路第二双线LXS-3标段震后控制网复测”不满足补充招标文件（一）中第5条要求、业绩“2016至2019年度高速铁路运营期精测网复测与基础变形监测技术合作项目3标”不能划归为本次招标内容所指的第三方测量业绩，要求否决被投诉人××勘察设计研究院有限公司的投标。

经查明：

（1）招标文件资格条件业绩要求为：“自2012年1月1日以来，投标人独立完成过单个合同长度在20km及以上铁路和城市轨道交通工程（不含有轨电车）第三方测量业绩，不包括分包、联合体和境外承包合同业绩。业绩证明材料以合同为准，合同中应体现以下信息：合同完成时间、长度，若合同无法体现以上信息的，则还需提供加盖业主（发包人）公章的证明材料”。且补充文件规定：“本次招标只认可建设单位（业主）委托的业绩”。

评分业绩要求为：“自 2012 年 1 月 1 日以来，拟派项目负责人以项目负责人身份完成过单个合同长度在 20km 及以上铁路和城市轨道交通工程（不含有轨电车）第三方测量业绩，不包括分包、联合体和境外承包合同业绩。业绩证明材料以合同为准，合同中应体现以下信息：合同完成时间、长度，若合同无法体现以上信息的，则还需提供加盖业主（发包人）公章的证明材料。每个业绩加 2.5 分，最高得 5 分”。

（2）被投诉人投标文件中提供的业绩有三项，其中“× × 市轨道交通 3 号线工程测量”“× × 铁路第二双线 LXS-3 标段震后控制网复测”为招标文件资格要求业绩，“2016 至 2019 年度高速铁路运营期精测网复测与基础变形监测技术合作项目 3 标”为拟派项目负责人评分业绩。

（3）被投诉人业绩“× × 市轨道交通 3 号线工程测量”，中标人为 × × 勘察研究院有限责任公司与 × × 勘察设计研究院有限公司组成的联合体，属于联合体业绩，并且属于未完成项目，不应被认定为符合招标文件资格要求的业绩。经向 × × 城市轨道交通有限公司调查证实，被投诉人合同并未造假。

（4）被投诉人业绩“×× 铁路第二双线 LXS-3 标段震后控制网复测”，是与施工单位 ×× 项目部签订合同，并非与 ×× 铁路第二双线建设单位 ×× 公司签订合同，不满足招标补充文件（一）中第 5 条要求的“本次招标只认可建设单位（业主）委托的业绩”要求，不应被认定为符合招标文件资格要求的业绩。

（5）被投诉人业绩“2016 至 2019 年度高速铁路运营期精测网复测与基础变形监测技术合作项目 3 标”，合同协议书明确“服务范围为 ×× 高铁（长约 130km）；服务期限为 2016 ~ 2019 年度”，属于正在实施中的合同，尚未按照合同要求完成，不应被认定为满足招标文件资格要求和拟派项目负责人评分业绩要求。

（6）从省库中随机抽取勘察类专家就被投诉人投标文件提供的业绩是否符合招标文件要求进行了专家评审。专家意见认为：

1）被投诉人业绩“×× 市轨道交通 3 号线工程测量”为 ×× 勘察研究院有限责任公司与 ×× 勘察设计研究院有限公司联合体的业绩，不满足招标文件中对投标人的业绩要求。

2）被投诉人业绩“×× 铁路第二双线 LXS-3 标段震后控制网复测”是与 ×× 项目部签订合同，不满足招标补充文件（一）中第 5 条“本次招标只认可建设单位（业主）委托的业绩”要求。

3）被投诉人业绩“2016 至 2019 年度高速铁路运营期精测网复测与基础变形监测技术合作项目 3 标”正在实施，尚未按合同要求完成，不满足招标文件对投标人资格条件和评分的业绩要求。

本机关认为：经核实，被投诉人提供的“×× 市轨道交通 3 号线工程测量”“×× 铁路第二双线 LXS−3 标段震后控制网复测”两个业绩不符合招标文件资格要求，但是本身是真实的，不存在造假；被投诉人提供的“2016 至 2019 年度高速铁路运营期精测网复测与基础变形监测技术合作项目 3 标”业绩实质为“2016 至 2019 年度 ×× 局运营高铁精测网复测与基础变形监测技术合作项目 3 标”项目内容，不符合招标文件评分要求。根据《招标投标法实施条例》第五十一条第（六）项、《工程建设项目招标投标活动投诉处理办法》第二十条第（二）项规定，作出如下处理意见：投诉成立，评标委员会应否决被投诉人的投标。

【评析】

根据《招标投标法》第二十六条规定，投标人应当具备承担招标项目的能力；国家有关规定对投标人资格条件或者招标文件对投标人资格条件有规定的，投标人应当具备规定的资格条件。投标人应当具备承担招标项目的能力，是指投标人在资金、技术、人员、装备等方面，具备与完成招标项目需要相适应的能力或者条件以及相应的工作经验与业绩证明。国家有关法律规定或者招标文件对投标人资格条件有规定的，投标人应当具备规定的资格条件，不具备相应资格条件的承包商、供应商，不能参加有关招标项目的投标。《招标投标法实施条例》第五十一条规定："有下列情形之一的，评标委员会应当否决其投标：……（三）投标人不符合国家或者招标文件规定的资格条件……"其中，投标人业绩就属于常见的资格条件。不满足招标文件要求的资格条件的，评标委员会应当否决其投标。

在本案例中，涉案招标文件资格条件业绩要求投标人独立完成的业绩，不包括分包、联合体和境外承包合同业绩，只认可建设单位（业主）委托的业绩，且是已完成的项目合同业绩等，但投标人业绩未达到招标文件的上述要求，其投标资格条件不合格，在评标过程中应当否决投标。

【启示】

招标文件中都会将业绩要求作为实质性要求。评审过程中，评标委员会应当对投标文件响应的内容与招标文件就采购项目提出的实质性要求和条件逐条逐项一一对照比较，发现存在遗漏或者重大偏离，未能对招标文件作出实质性响应，对其投标应当予以否决。

招标人在编制招标文件的实质性要求和条件时，可对业绩条件提出明确要求，避免投标人或评标委员会专家对业绩理解有偏差。

第五节　投诉评标委员会评审错误

一、投诉业绩分计算错误

【案例 111】

招标投标投诉处理决定书

投诉人：×× 大学

被投诉人：评标委员会

投诉事项及主张：投诉人认为 ×× 大学 ×× 校区理工农组团（三期）动物中心空气源四管制多功能冷热水机组（重新招标）招标项目招标文件中评标办法（二）资信、业绩评审中对业绩的要求为："投标品牌自 2014 年 1 月 1 日以来具有单个合同金额 200 万元及以上动物实验室四管制多功能冷热水机组供货的业绩；每个 1.5 分，最高 3 分。"中标候选人 ×× 电器有限公司提供的评分业绩均与动物实验室无关，而评标委员会对其资信业绩打了 3 分，投诉人主张评标委员会重新评审。

经查明：

（1）招标文件第 34 页"业绩评分"规定："投标品牌自

2014年1月1日以来具有单个合同金额200万元及以上动物实验室四管制多功能冷热水机组供货的业绩；每个1.5分，最高3分。”

（2）××电器有限公司投标文件“评审打分材料一览表”提供了4个业绩，分别为：

1）××大学附属第一医院××新院项目，合同金额：419.8万元，签约时间：2013年12月。

2）××附属中山医院，合同金额：380万元，签约时间：2016年7月。

3）××项目，合同金额：1693万元，签约时间：2016年11月。

4）××花桥国际商务城博览中心展馆，合同金额：838万元，签约时间：2015年2月。

经查，上述业绩相关证明材料为合同，四份合同中均无反映“动物实验室”的内容，且也未说明设备的具体工作环境。

（3）评标报告中“资信、业绩评审汇总表”载明：“评标委员会给予××电器有限公司电器有限公司的业绩评分为3分”。

本机关认为：经核实，评标委员会未按照招标文件规定的评标标准和方法评标，导致业绩评分错误，直接影响评标结果。根据《招标投标法实施条例》第七十一条第（三）款和《工程建设项目招标投标活动投诉处理办法》第二十条第（二）款的规定，作出如下处理意见：投诉成立，责令改正。

【评析】

《招标投标法实施条例》第四十九条第一款规定："评标委员会成员应当依照招标投标法和本条例的规定，按照招标文件规定的评标标准和方法，客观、公正地对投标文件提出评审意见。"评标标准主要由评标因素及其相应权重构成。使用综合评分法的，评标标准应明确评标时的所有需要量化的评标因素、分值权重和评分方法及细则。评标委员会应当按照此评标标准客观、准确地进行评审打分。其中，业绩也是主要评审因素，一般按照其数量绝对值进行打分。

本案例中，招标文件已明确"业绩评分"标准，即提供的合格业绩"每个 1.5 分，最高 3 分"。投标人提供了 4 个业绩均不合格，但评标委员会未对投标人提供的业绩进行实质性审查，忽略了"动物实验室"的要求，错误评分，仍对该业绩评分为 3 分，直接影响评标结果，故根据《招标投标法实施条例》第七十一条规定，行政监督部门责令改正。

【启示】

招标人编制并公开发布的明确资格条件、合同条款、评标方法和投标文件响应格式的招标文件，是招标、投标和评标的依据。评标委员会应当按照招标文件对投标人提供的资信、业绩等内容进行全面详细的比对，如仅依据形式上的合同名称及价款作出评分，往往会导致与招标文件规定的评标标准相背离，从而导致评标错误。

二、投诉报价得分计算有误请求重新评审

【案例112】

招标投标投诉处理决定书

投诉人：×× 绿化工程建设有限公司

被投诉人：评标委员会

投诉事项及主张：×× 省道 ×× 至 ×× 段工程绿化施工标段评标委员会在评标过程中，商务报价得分计算有误，导致评标结果出现差错，错误推荐 ×× 建设环境有限公司为中标候选人。

投诉人要求重新组织专家进行评审，待重新评审后公示正确的评标结果。

投诉人陈诉：评标委员会在评标时，商务报价得分计算有误，导致评标结果错误，中标候选人应为 ×× 绿化工程建设有限公司，而非已公布的 ×× 建设环境有限公司。

经查明：

（1）×× 省道 ×× 至 ×× 段工程绿化标段为公路绿化招标，商务评分由评标委员会手工计算并输入。

招标文件商务评分计算办法如下：

评标基准价由评标委员会计算、复核并签字确认。除计算差错外，确认后的评标基准价在本次招标期间保持不变。

计算差错，仅限于以下两种情况：①纯算术性四则运算

差错。②未按约定的计算方法多计或少计投标人报价。由于评标差错，导致否决投标错误，重新评标纠正等其他情况，不属于计算差错。

1）评标价的确定：评标价 = 投标函文字报价。

2）评标基准价的确定（略）。

3）评标价评分值的计算：以评分基准价为基础，将各投标人的评标价与评分基准价比较，计算出偏离基准价的百分数后，再进行计分。

投标评标价等于评分基准价时，得满分（99 分）。

投标评标价每低于评分基准价 1 个百分点，扣 1 分。

投标评标价每高于评分基准价 1 个百分点，扣 1.2 分。

（2）开标记录公示：投标单位总计 47 家，调整系数为 0.94，复合系数 K 为 0.35，下浮系数为 1。

（3）经核实：评标报告显示，×× 景观工程有限公司、×× 生态园林股份有限公司等 4 家投标单位被否决投标，其余 43 家投标单位通过符合性审查，原中标候选人 ×× 建设环境有限公司报价得分为 98.69，信用得分为 0.8，综合得分为 99.49；投诉人 ×× 绿化工程建设有限公司报价得分 98.21，信用得分为 0.8，综合得分为 99.01。

按照招标文件规定的计算办法重新验算，原中标候选人 ×× 建设环境有限公司报价得分为 97.04，信用得分为 0.8，综合得分为 97.84；投诉人 ×× 绿化工程建设有限公司报价得分 97.99，信用得分为 0.8，综合得分为 98.79。×× 建设环境有限公司不应被推荐为中标候选人。

本机关认为：经调查，本项目评标委员会未按照招标文件约定的评标办法对投标人商务报价得分进行评审，投诉情况属实。根据《工程建设项目招标投标活动投诉处理办法》第二十条、《招标投标法实施条例》第七十一条的有关规定，作出如下处理意见：投诉成立，责令评标委员会改正。

【评析】

招标人编制并公开发布的明确评标方法等内容的招标文件，是评标的依据。评标委员会成员应当按照招标文件规定的评标标准和方法，客观、公正地履行职务，避免因评标基准价计算错误而导致投标报价得分计算有误。招标文件中已经明确了投标人资格条件、评标标准和方法或投标文件响应格式的，评标委员会应当严格按照招标文件的相关要求评标并选出最佳中标人。《招标投标法实施条例》第七十一条规定："评标委员会成员不按照招标文件规定的评标标准和方法评标的，由有关行政监督部门责令改正。"评标委员会成员违反相关规定，未按照招标文件规定的评标标准和方法评标（包括对投标报价评审打分出现错误）的，将被有关行政监督部门责令改正。

本案例是招标人投诉排序第一的投标人投标报价评审得分有误，要求行政监督部门责令评标委员会复评。招标文件评标办法评标基准价计算方法中规定：评标基准价由评标委员会计算、复核并签字确认。评标委员会承认在商务标评分过程中，由于当时过于信任计算机系统的数据，未对计算机给出的基准值进行复核，导致商务标评分错误，直接影响评标结果。由此可见，评标委员会因未按招标文件规定的计算公式计算评标基准价，导致商务报价得分计算有误，错误推荐中标候选人，影响评标结果，故行政监督部门作出了“投诉成立，责令评标委员会改正”的处理意见。

【启示】

评标委员会应当按照招标人编制并公开发布的投标资格条件、合同条款、评标方法和投标文件响应格式的招标文件开展评审工作。基于电子招标投标交易平台进行的评标活动，计算机仅起到辅助作用，对于计算机计算的评标基准价等，评标委员会应进行复核计算，避免系统出错导致评审得分计算错误而影响评标结果。有的招标项目也先由招标代理机构辅助评标、计算报价分或汇总计算评审得分，评标委员会都应当复核确认，对评审结果负最终的责任。

三、投诉因评标基准价错误导致评分计算错误

【案例113】

招标投标投诉处理决定书

投诉人：××通航机场有限公司

被投诉人：评标委员会

投诉事项及主张：投诉人反映，在××通用航空机场建设项目室外附属工程评标过程中，因计算评标基准价的下浮率未输入评标系统，导致评标委员会计算的评标基准价错误，影响评标结果，要求重新对该项目的商务标进行评审。

经查明：

（1）招标文件第33页评标办法评标基准价的计算中载明：“由投标人代表在开标前，从4%、4.5%、5%、5.5%、6%中随机抽取一个百分数，作为下浮值”；“评标时，评标委员会先按上述办法计算出报价平均值，再按以下公式计算出评标基准价：评标基准价＝报价平均值×（1－下浮值）”。开标记录备注栏中显示，本标段下浮值为5.5%。从交易平台评标系统查询到“基准价算分过程”备注为：“去掉2个最高价、2个最低价，取平均值下浮‘0’后得到基准价”，评标委员会对下浮值“0”未作复核与修正。

（2）评标报告中第一中标候选人××建设有限公司的商务标得分为98.10分，××环境建设有限公司的商务标得分为92.67分。

（3）按照下浮值为5.5%计算出的评标基准价为8917355.9475万元，××建设有限公司的商务标得分应为89.26分，××环境建设有限公司的商务标得分应为98.12分。

本机关认为：在评标过程中，评标委员会未按招标文件约定的计算方法计算评标基准价，导致评标基准价计算错误，而影响评标结果，投诉反映的情况属实。根据《工程建设项目招标投标活动投诉处理办法》第二十条第（二）项的规定，作出如下处理意见：投诉成立，责令评标委员会改正。

【评析】

评标委员会成员应当按照招标文件规定的评标标准和方法，客观、公正地履行职务，避免因评标基准价计算错误导致投标报价得分计算有误。《招标投标法实施条例》第四十九条第一款规定："评标委员会成员应当依照招标投标法和本条例的规定，按照招标文件规定的评标标准和方法，客观、公正地对投标文件提出评审意见。"《招标投标法实施条例》第七十一条规定："评标委员会成员不按照招标文件规定的评标标准和方法评标的，由有关行政监督部门责令改正。"《评标委员会和评标方法暂行规定》第五十三条也有相同规定。

在本案例中，投诉人以下浮率未输入评标系统导致评标委员会计算的评标基准价错误，影响评标结果为由，投诉评标委员会评审错误。对此，行政监督部门认为，招标文件载明评标基准价的计算方法应包含下浮率。评审委员会没有复核修正评标系统未录入下浮率的错误，导致投标人的商务得分与实际应得分有出入，而导致评标结果有失公正，故行政监督部门责令评标委员会改正。

【启示】

评标委员会在评审中可将计算机作为评标基准价计算、复核的辅助工具，应安排不同的评标专家负责评标基准价的计算、复核、确认工作，避免因完全依赖计算机出现计算错误而影响评标结果。

招标人应当在中标候选人公示前认真审查评标委员会提交的书面评标报告，发现异常情形的，依照法定程序进行复核，其中重点关注分值汇总是否计算错误、分项评分是否超出评分标准范围、评标委员会是否按照招标文件规定的评标标准和方法进行评标、是否存在对客观评审因素评分不一致或者评分畸高、畸低现象等情形。确认存在问题的，依照法定程序予以纠正。

四、投诉以行政处罚记录为由否决投标

【案例114】

招标投标投诉处理决定书

投诉人：×× 建设工程有限公司

被投诉人：×× 区水利工程服务站

1. 投诉人投诉事项及主张

被投诉人以投诉人存在违反法规的行为被行政部门予以行政处罚的情形符合不良行为信息的认定且相关信息在政府网站上公开，认定投诉人投标主体资格不符合 ×× 水厂扩建工程招标文件中规定的信誉要求，取消投诉人参加本项目投标的资格，原评标得分作废。要求被投诉人恢复投诉人参与

本项目投标资格和评标得分。

2. 调查认定的基本事实

×× 建设工程有限公司于2020年4月8日被××市生态环境局××分局予以行政处罚，相关处罚信息已于2020年7月17日在××县人民政府网站上进行了公示。

上述认定事实有××县人民政府网站主管部门××县信息化工作办公室及××市生态环境局××分局的函件为证。

本机关认为：本项目截标时间为2020年12月4日，投诉人被××市生态环境局××分局予以行政处罚时间为2020年4月8日，相关处罚信息在××县人民政府网站公示的时间为2020年7月17日，因此投诉人不满足本项目招标文件约定的信誉要求第（2）点的规定："在最近三年（开标之日前三年）内不得有下列行为：……②在"国家企业信用信息公示系统"网站或政府信息平台网站有行政处罚信息、列入严重违法失信企业名单（黑名单）信息等不良行为记录的，不得参与本项目投标……"投诉人请求及主张被投诉人恢复其参与本项目投标资格和评标得分无事实依据和法律依据。

3. 处理决定及依据

综上所述，根据《工程建设项目招标投标活动投诉处理办法》第二十条规定，本机关依法作出处理决定如下：驳回投诉人××建设工程有限公司要求恢复投诉人参与本项目投标资格和评标得分的请求。

【评析】

本案例投诉人因存在违规行为被行政部门予以行政处罚且相关处罚信息在政府网站上公开，被取消参加投标资格，原评标得分作废，投诉要求被投诉人恢复其投标资格和评标得分。

《招标投标法》第二十六条规定："投标人应当具备承担招标项目的能力；国家有关规定对投标人资格条件或者招标文件对投标人资格条件有规定的，投标人应当具备规定的资格条件。"《招标投标法实施条例》第五十一条规定，投标人不符合国家或者招标文件规定的资格条件的，评标委员会应当否决其投标。根据上述规定，招标人应当在招标文件中明确对投标人资格审查的标准，投标人应当具备国家或招标文件规定的资格条件，投标人不符合国家或者招标文件规定的资格条件的，其投标应当被否决。其中，资信为投标资格条件之一，如投标人近三年有重大行政处罚记录、被列入失信被执行人等情形的，应作为投标否决条件。

本案例中，招标文件约定的信誉要求第（2）点规定："在最近三年（开标之日前三年）内不得有下列行为：……②在"国家企业信用信息公示系统"网站或政府信息平台网站有行政处罚信息、列入严重违法失信企业名单（黑名单）信息等不良行为记录的，不得参与本项目投标"。本项目截标时间为

2020年12月4日，2020年4月8日投诉人被当地生态环境部门予以行政处罚，故投诉人不满足本项目招标文件约定的信誉要求，其投标应当被否决。投诉人请求被投诉人恢复其参与本项目投标资格和评标得分无事实依据和法律依据。

【启示】

招标人有权根据招标项目的特点和需要编制招标文件，明确招标项目的技术要求、对投标人资格审查的标准等。招标人可以将投标人具有行政处罚记录等作为资格条件负面清单。投标人有在负面清单内列明的情形的，其投标资格不合格，应当否决其投标。

五、招标人投诉评标委员会资信得分评审错误

【案例115】

招标投标投诉处理决定书

投诉人：××铁路有限公司

被投诉人：评标委员会

投诉人即招标人陈述事项及主张：××区铁路支线工程工程审价（核）服务标段（重）招标项目评标委员会对业绩评审有误，中标候选人××投资咨询有限公司项目负责人身份额外多承担类似项目得分为0分，资信业绩评审得分应为4分，而评标结果中该单位资信业绩得分为8分。投诉人主

张对该标段的业绩得分重新计算，并更正评标结果。

经查明：

（1）招标公告中的投标人资格条件要求：具有类似工程业绩，类似工程业绩是指2011年1月1日（以合同协议书签订日期为准）以来具有30km及以上铁路工程的审价（核）业绩。业绩证明材料为合同协议书。拟派项目负责人资格条件要求：具有中级及以上技术职称，且以项目负责人身份承担过类似工程业绩；类似工程业绩同企业要求。

（2）中标候选人××投资咨询有限公司在投标文件中提供了一个业绩："××区铁路支线工程第三方审价服务"，经评标委员会审议，满足资格审查条件，进入后续评审。

（3）招标文件评标办法资信业绩评审部分，企业信用报告0～3分，投标人诚信评分-100～0分，其他内容评分0～5分。其中，其他内容评分具体为：项目负责人具有高级工程师及以上职称，得1分；除满足资格审查条件外，以项目负责人身份额外多承担1个类似项目业绩加2分，最多得4分。

（4）根据评标报告，中标候选人××投资咨询有限公司的资信得分为8分。

（5）评标委员会在笔录中均承认评审出现错误。中标候选人企业信用报告得3分，投标人诚信评分不失分，项目负责人为高级工程师得1分。投标文件中仅提供了一个类似业绩，用以满足资格审查。评标委员会认定××投资咨询有限公司的资信得分为8分是不正确的。

本机关认为：调查认为投诉反映事实存在，评标委员会未按招标文件规定进行评审，导致评标结果错误。根据《工程建设项目招标投标活动投诉处理办法》第二十条第二项和《招标投标法实施条例》第七十一条第三项的规定，作出如下处理意见：投诉成立，责令改正。

【评析】

招标文件可以将投标人的相关资信情况列为评审因素并赋予一定评分权重，评标委员会应当依据确定的评标标准进行评审。评标委员会未严格按照招标文件规定的评标标准评审，导致资信业绩分评审错误、商务报价得分计算错误的，将直接影响评标结果。根据《招标投标法实施条例》第七十一条："评标委员会成员有下列行为之一的，由有关行政监督部门责令改正；情节严重的，禁止其在一定期限内参加依法必须进行招标的项目的评标；情节特别严重的，取消其担任评标委员会成员的资格：……（三）不按照招标文件规定的评标标准和方法评标……"因此，评标委员会成员不按照招标文件规定的评标标准和方法评标的，行政监督部门应当责令评标委员会重新评审。

本案例中，招标人的招标文件已经就资信业绩部分明确了详细的评分细则和标准，但由于评标委员会未按招标文件规定进行评审，导致中标候选人的资信得分出现差错，直接影响了评标结果，且评标委员会也承认了评审错误，该投诉事项具有事实依据，应当予以纠正，并重新计算相关业绩得分，更正评标结果。

【启示】

评标过程中，因评标委员会认识偏差、能力有限或工作疏忽，难免会出现评标差错，影响招标的公正性，因此应当及时纠正错误。实践中，若在评标过程中或者评标结束，评标委员会或招标人发现评标确有差错且可以纠正的，可召集评标委员会成员对评标结论进行复议作出新的结论，并将该过程记录在评标报告中。

六、投诉投标报价计算错误请求重新评审

【案例 116】

招标投标投诉处理决定书

投诉人：××轨道交通有限公司

被投诉人：评标委员会

投诉事项及主张：投诉人反映，在××至××城际铁路工程××段沿线苗木迁移工程Ⅲ标段评标过程中，中标候选人（××路桥集团股份有限公司）的最终投标总报价与按招标文件要求计算出的最终投标总报价不一致，评标委员会未对中标候选人的报价进行询标。要求行政监督部门责令评标委员会复评。

经查明：

（1）招标文件第 63 页投标报价汇总表明确投标报价分三部分：①绿化迁移费，等于投标函中的投标报价。②绿化折价费，金额必须大于或等于 0。③投标总报价，投标人的最终投标总报价 = 绿化迁移费 – 绿化折价费（最终投标总报价在评标阶段由评标专家计算并评审）。

招标文件的答疑文件第 4 条载明：投标函中填报的投标总报价为绿化迁移费。

招标文件第 17 页第 10.1 条否决投标的情形（二）商务标内容第 2 款："通过符合性审查的最低评标价低于通过符合性审查的次低评标价 10%，且投标人对其报价不能充分说明理由，或提供的相关资料无法证明报价不低于其成本价的"。

（2）中标候选人 ×× 路桥集团股份有限公司的投标文件第 109 页投标报价汇总表中绿化迁移费为 1139321.52 元；绿化折价费为 1550321.52 元；投标总报价为 411000 元。

（3）根据招标文件载明的计算方式，中标候选人的最终投标总报价应为绿化迁移费 – 绿化折价费，即（1139321.52–1550321.52）元 =–411000 元。比最终报价次低评标价（418194 元）低 10% 以上。

（4）评标报告中未查到对中标候选人的最终投标总报价的计算及结果，也未查到评标委员会组织询标的记录。

本机关认为：经核实，中标候选人的最终投标总报价与按招标文件要求计算出的最终投标总报价确实不一致，评标委员会未按招标文件要求的计算方法计算及评审中标候选人的最终投标总报价，也未对最低投标报价低于次低评标价10%的情况进行询标，导致评标结果错误，投诉反映的情况属实。根据《招标投标法实施条例》第七十一条第（三）项、《工程建设项目招标投标活动投诉处理办法》第二十条第（二）项的规定，作出如下处理意见：投诉成立，责令评标委员会改正。

【评析】

投标报价是重要的评审因素，评标委员会应当按照招标文件规定的关于投标报价的计算方法、评审办法进行评审。评审依据的报价错误的，将会导致评审结果错误，应当依法改正、重新评审。另外，《评标委员会和评标方法暂行规定》第二十一条规定："在评标过程中，评标委员会发现投标人的报价明显低于其他投标报价或者在设有标底时明显低于标底，使得其投标报价可能低于其个别成本的，应当要求该投标人作出书面说明并提供相关证明材料。投标人不能合理说明或者不能提供相关证明材料的，由评标委员会认定该投标人以低于成本报价竞标，应当否决其投标。"招标文件也将低于其成本竞价的情形规定为否决投标的情形。

本案例中，中标候选人的最终投标总报价与按招标文件要求计算出的最终投标总报价确实不一致，评标委员会未按招标文件要求的计算方法计算及评审中标候选人的最终投标报价，也未对最低投标报价低于次低评标价10%的情况予以关注，未要求该投标人作出书面说明并提供相关证明材料，导致评标结果错误，故行政监督机关责令评标委员会改正。

【启示】

当投标人或利害关系人对评标结果有异议时，招标人有权组织评标委员会复核纠正相关问题，若评标委员会无法自行予以纠正时，招标人有权向行政监督部门报告或投诉。实践中，在评标过程中或者评标结束，招标人或评标委员会若发现评标确有错误，一般会召集评标委员会成员进行复议以作出新的结论，并将该过程记录在评标报告中。若招标人与评标委员会沟通后，评标委员会仍拒绝纠正错误，则招标人有权向行政监督部门进行投诉。在评标过程中，对于投标报价可能低于其个别成本的，应当先行要求该投标人作出书面解释说明，而既不能熟视无睹，也不能直接否决投标，应当给予投标人澄清解释的机会。

七、投诉评标委员会未公正评审

【案例 117】

招标投标投诉处理决定书

投诉人：×× 标识有限公司

被投诉人：本项目评标委员会

投诉事项及主张：认为中标候选人提供的样品不符合招

标文件的明确要求，特别是表面效果与参考图纸相差巨大，评标专家未按照招标文件的评审标准进行公正评审，评标委员会不具备专业素养，不理解招标文件的核心评审要求，是受招标人引导和干预而进行的带有倾向性的不公正评审。主张：要求重新组织专家小组评审，检测样品。

经查明：

（1）招标文件第 15 页“第二章投标人须知前附表第 10.1 条否决投标的情形”中“二、投标文件存在以下情形之一的，由评标委员会审核并经过询标程序，其投标文件将被否决”（一）形式及资格等符合性内容第 8 条“未按以下要求提供样品的：①贴墙式科室牌 1 个。②区域指引牌（竖式）1 个。③楼梯间楼层信息牌 1 个”。招标文件中未将具体的样品参数、表面效果等设置成否决条款。

（2）中标候选人 ×× 设计营造有限公司投标时提供了样品。

（3）招标文件第 35 页“第三章评标办法”中“（三）投标文件的技术标评审”的第 2 项技术评分“（2）样品质量打分，根据提供的样品综合打分：根据每个样品的创意性、合理性、整体质量与做工、外观等情况横向对比，由评委酌情打分（0 ~ 10 分）”。

（4）各评标专家的评分均未超过招标文件设定的分值区间。

（5）未发现评标委员会成员在评标过程中有干预评标的

行为和言论。

本机关认为：经调查，招标文件要求必须提供样品，但样品的具体内容不属于招标文件中规定的必须响应的实质性内容；未发现评标委员会未按照招标文件规定的评标标准和方法评标的情形；未发现招标人代表有引导以及干预评标的情形；评标委员会组建合法合规。对于投诉问题，根据《工程建设项目招标投标活动投诉处理办法》第二十条第（一）项规定，作出如下处理意见：投诉缺乏事实根据和法律依据，驳回投诉。

【评析】

《招标投标法实施条例》第四十九条第一款规定："评标委员会成员应当依照招标投标法和本条例的规定，按照招标文件规定的评标标准和方法，客观、公正地对投标文件提出评审意见。招标文件没有规定的评标标准和方法不得作为评标的依据。"《评标委员会和评标方法暂行规定》第十五条规定："评标委员会成员应当编制供评标使用的相应表格，认真研究招标文件，至少应了解和熟悉以下内容：……（四）招标文件规定的评标标准、评标方法和在评标过程中考虑的相关因素。"由此可见，评标委员会评审的唯一依据是招标文件规定的评标标准和方法。若投标文件中存在部分内容与招标文件规定的评标标准和方法无关，评审委员会不得将其作为评标的依据。

在本案例中，招标文件明确规定："投标文件存在以下情形之一的，由评标委员会审核并经过询标程序，其投标文件将被否决：（一）形式及资格等符合性内容：……8. 未按以下要求提供样品的：①贴墙式科室牌 1 个。②区域指引牌（竖式）1 个。③楼梯间楼层信息牌 1 个……”。由此可知，招标文件仅以是否提供样品作为否决依据，而具体的样品参数、表面效果等并未包含其中。故中标候选人投标时提供了样品，评标委员会认定其已响应了招标文件的实质性内容并无不当。同时，评标委员会在进行技术标评审时，各评标专家对样品质量的评分均未超过招标文件设定的分值区，也不存在引导及干预评标等不公正评审的情况。因此，投诉人的投诉主张缺乏事实根据和法律依据，依法应予以驳回。

【启示】

科学编制评标标准。招标人应根据项目特点制定详细具体、科学合理的评标标准，避免给评标委员会过大的自由裁量权限，减少其违规操作空间。招标人要求投标人提供样品的，可以规定将提供样品作为实质性要求，也可以将样品评价作为评审因素，由招标人根据采购项目的特点确定。

规范评标委员会成员行为。招标人应当选派或者委托责任心强、熟悉业务、公道正派的人员代表参加评标。发现评标委员会成员不按照招标文件规定的评标标准和方法评标的，招标人应当及时提醒、劝阻并向有关招标投标行政监督部门报告。

加强评标报告审查。招标人应当在中标候选人公示前认真审查评标委员会提交的书面评标报告，发现异常情形的，依照法定程序进行复核，重点关注评标委员会是否按照招标文件规定的评标标准和方法进行评标；是否存在对客观评审因素评分不一致，或者评分畸高、畸低现象；是否存在随意否决投标的情况等。确认存在问题的，依照法定程序予以纠正。

八、投诉信用等级分评审错误

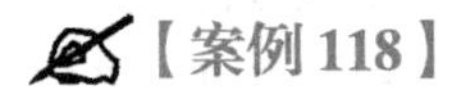

【案例 118】

招标投标投诉处理决定书

投诉人：×× 国道工程建设指挥部（招标人）

被投诉人：评标委员会

投诉事项及主张：投诉人认为评标委员会未发现 ×× 国道 ×× 至 ×× 段公路工程第 2 标段、第 3 标段投标人提供的《信用评价结果使用承诺书》，未按照招标文件的规定给予投标人信用等级得分，导致评标结果有误。投诉人要求对第 2 标段、第 3 标段进行复评。

经查明：

（1）招标文件规定。招标文件第 65 页规定："①投标人选择使用 AA、A 级信用等级得分的，投标文件中应提供从 ×× 省交通运输厅建设市场诚信信息系统中打印的《信用评价结果使用承诺书》。②信用等级为 AA、A 级的投标人在投标中的信用等级得分均为 0.5 分（未选择使用信用等级得分或使用次数超上限的除外）。"根据招标文件规定，"信用等级得分”属于“其他因素”（即其他评审得分）的组成部分，其他评审得分最高为 1.5 分。

（2）投标文件内容。经查，投诉材料反映的 10 家投标人提供了从 ×× 省交通运输厅建设市场诚信信息系统中打印的《信用评价结果使用承诺书》。

（3）评标情况。经查，评标报告中第 2 标段、第 3 标段“其他评审汇总表”“详细评分汇总表”显示：两个标段所有投标人的“其他评审得分”均为 1 分。业主代表、评标专家在询问笔录及情况说明中表示：大部分专家在第一信封评审过程中未发现投标人提供《信用评价结果使用承诺书》，部分专家未看到《信用评价结果使用承诺书》内容，因此评标时所有投标人的信用评价结果得分均给了 0 分。

（4）电子招标投标交易平台评标系统后台记录。×× 省公共资源交易中心出具的情况说明反映：评标系统后台记录显示第一信封评审阶段没有专家点击过《信用评价结果使用承诺书》，第二信封评审阶段有 2 位专家点击了《信用评价结果使用承诺书》。

（5）评标现场视频监控情况。“评标现场视频监控重要节点记录表”显示：代理机构工作人员在评标过程中强调了《信用评价结果使用承诺书》的重要性，并多次提醒专家注意查看投标文件《信用评价结果使用承诺书》；专家在交流中反映没看到投标人提供《信用评价结果使用承诺书》。

本机关认为：评标委员会并未按照招标文件的规定给予

投标人信用等级得分，投诉反映情况属实。根据《工程建设项目招标投标活动投诉处理办法》第二十条第（二）项、《招标投标法实施条例》第七十一条第（三）项的规定，作出如下处理意见：投诉成立，责令评标委员会改正。

【评析】

评标委员会应当严格按照招标文件规定的评标标准和办法评标，对各项评审因素严谨、细致评审，客观、公正地对投标文件提出评审意见。评标委员会未按照招标文件的规定进行评审的，将被行政监督部门责令改正。

本案例中，招标文件规定了“投标人选择使用 AA、A 级信用等级得分的，投标文件中应提供从 ×× 省交通运输厅建设市场诚信信息系统中打印的《信用评价结果使用承诺书》”，同时规定了信用等级为 AA、A 级的投标人在投标中的相应得分。在评标过程中，有 10 家投标人提供了从 ×× 省交通运输厅建设市场诚信信息系统中打印的《信用评价结果使用承诺书》。而大部分专家在第一信封评审过程中未发现投标人提供《信用评价结果使用承诺书》，部分专家未看到《信用评价结果使用承诺书》内容，因此评标时所有投标人的信用评价结果得分均给了 0 分。上述情况导致评标结果有误，属于《招标投标法实施条例》第七十一条第（三）项规定的评标委员会成员“不按照招标文件规定的评标标准和方法评标”的行为，故行政监督部门经核实投诉反映情况属实，作出“投诉成立，责令评标委员会改正”的处理意见。

【启示】

评标委员会成员应当严格按照招标文件确定的评标标准和方法，客观、公正地履行职务，遵守职业道德，对投标文件进行评审和比较。类似本案例中，投标人均提供了《信用评价结果使用承诺书》，但大部分评标专家未发现，说明评标专家评标工作不认真、不仔细。针对这种情况，行政监督部门应加强评标专家队伍的建设和培训，招标代理机构在评标前应组织专家参加现场培训，提升专家评审能力和职业操守，评标专家也应集体认真研读招标文件，掌握评标中每一个评审因素和评标标准，认真、细致阅读投标文件进行评审，避免评标过程出现类似低级错误。

九、投诉评标委员会成员发表可能影响评标活动的不当言论

【案例 119】

招标投标投诉处理决定书

投诉人：工业设备安装集团（投标人）

被投诉人一：评标委员会

被投诉人二：天然气管网公司（招标人）

投诉事项及主张：现场评标视频看到业主专家在与其他

专家交流，怀疑可能存在引导其他专家倾向性评分的情形。投诉人要求纠正错误并召集原评标委员会重新评审。

被投诉人一（评标委员会）申辩：本项目评审工作并无错误，评标活动中并未发生业主专家引导其他专家对特定投标人进行倾向性评分的情形。

现查明：

（1）本案例中天然气管道工程经评审，×× 公司被推荐为中标候选人，公示期为 1 月 5 日至 1 月 7 日。投诉人于 1 月 6 日通过电子交易平台向招标人提出异议，后因不满意招标人 1 月 8 日作出的答复，于 1 月 14 日通过电子交易平台向省行政监督部门提出投诉。

（2）经核查评标现场监控视频，未发现业主专家发表可能影响评标活动的不当言论。

本机关认为：投诉人反映的招标人代表发表可能影响评标活动的不当言论，缺乏事实依据和事实依据。根据《工程建设项目招标投标活动投诉处理办法》第二十条第（一）项的规定，作出如下处理意见：投诉不成立，驳回投诉。

【评析】

《招标投标法》第四十四条规定，评标委员会成员应当客观、公正地履行职务。《招标投标法实施条例》第四十九条规定，评标委员会成员应当按照招标文件规定的评标标准和方法，客观、公正地对投标文件提出评审意见。对于评标委员会成员而言，独立评审既是其权利，也是其义务，核心要求就是评标委员会成员要独立于招标人、投标人、其他单位或个人进行客观、公正地评审，不受其他单位或个人的不当干预和影响。《招标投标法》还从招标人、投标人或其他人的义务的角度提出相应措施，如该法第三十八条第二款规定："任何单位和个人不得非法干预、影响评标的过程和结果。"《招标投标法实施条例》第四十八条第一款也规定："招标人应当向评标委员会提供评标所必需的信息，但不得明示或者暗示其倾向或者排斥特定投标人。"实践中，有的评标委员会成员，包括招标人代表，向其他评标委员会成员发表不当言论引导其作出有倾向性的评审意见，为法律所不允许。《招标投标法实施条例》第七十一条规定了评标委员会成员不客观、不公正履行职务的法律责任。

在本案例中，投诉人投诉通过现场评标视频发现评标委员会成员中的招标人代表与其他评标专家交流，认为可能影响其他专家评分，提出要求原评标委员会重新评审，但其投诉经调查并无证据证实，故最终行政监督部门认定该投诉不属实，根据《工程建设项目招标投标活动投诉处理办法》第二十条第（一）项"行政监督部门应当根据调查和取证情况，对投诉事项进行审查，按照下列规定作出处理决定：（一）投诉缺乏事实根据或者法律依据的……驳回投诉"的规定驳回其投诉。

【启示】

对于评标委员会成员包括招标人代表和评标专家在内，

都应当依照《招标投标法》的规定及招标文件规定的评标标准和方法，客观、公正地对投标文件提出评审意见，不得向招标人征询确定中标人的意向，不得接受任何单位或者个人明示或者暗示提出的倾向性或排斥性评审意见，不得有其他不客观、不公正履行职务的行为。尤其是招标人代表可以向评标专家介绍招标项目的相关背景情况，但不能作倾向性、误导性的解释或者说明，不能传递招标人的倾向性意见。

十、投诉其他投标人被列入经营异常名录

【案例 120】

招标投标投诉处理决定书

投诉人：特 × 公司

被投诉人：中 × 公司、塔 × 公司、成 × 公司联合体

投诉人投诉主张：乐 × 公司因峨眉 110kV 大为输变电工程箱式预装式变电站及配套附属设施项目建设需要，公开向社会招标。中 × 公司、塔 × 公司、成 × 公司组成的联合体作为投标人参与投标该项目，后被确定为第一中标候选人。由于该投标体的组成单位塔 × 公司被工商部门列入经营异常名录，其应当被限制进行招标投标，因此其组成的联合体也没有投标资格。同时，在投标过程中，该投标联合体为了达到中标目的还弄虚作假，虚构项目工程业绩。请求：①依法依规调查

该项目评标委员会无视、违反国家法律法规和招标文件评标规定的真实原因。②取消中 × 公司联合体第一中标候选人资格。

市发展改革委查明认定如下事实：

（1）峨眉 110kV 大为输变电工程箱式预装式变电站及配套附属设施监理项目中标候选人：中 × 公司（联合体）为第一中标候选人，特 × 公司为第二中标候选人。

（2）塔 × 公司被列入经营异常名录是因未在期限内公示企业年度报告所致，但招标文件及投标人未要求参与投标的企业对列入经营异常名录事宜必须注明，且招标文件对列入经营异常名录的投标企业未提出限制或禁入条件，因此塔 × 公司被列入经营异常名录的情形不属于招标文件中所禁止或限制投标的情形，且塔 × 公司已在 2015 年 10 月 10 日被工商部门移除经营异常名录。

（3）塔 × 公司在其投标文件中放入的与德 × 光伏材料有限公司签订的宝 × 碳化硅 110kV 输变电工程勘察设计合同确未履行，但是实施了其与高 × 光伏材料有限公司所签订的宝 × 碳化硅 110kV 输变电工程的勘察设计合同，已实际履行并完成了“宝 × 碳化硅 110kV 输变电工程”的勘察设计工作。

（4）没有发现该项目评标委员会在复核中违反市发展改革委 2015 年 10 月 28 日作出的处理决定。但是评标委员会在复核过程中接受投标人主动提出的澄清、说明等，违反了《招标投标法实施条例》第七十一条第（七）项的规定，应予以改正。

处理意见：

在本项目招标文件中，对列入经营异常名录的投标企业未提出限制或禁止条件。

被投诉人提交的德 × 光伏材料有限公司的宝 × 碳化硅 110kV 输变电工程勘察设计合同确未履行，提供的资料含有虚假信息，投标文件有瑕疵，请招标人依法依规组织评标委员会对该项目原评标委员会对第一中标候选人投标文件中的宝 × 碳化硅 110kV 输变电工程勘察设计业绩是否为本次招标项目的有效业绩进行复核。

【评析】

投标人的信用信息是评审投标人资格的重要因素，被市场监督管理部门列入经营异常名录在“信用中国”、全国企业信用信息公示系统中均有记录，但是法律法规上被市场监督管理部门列入经营异常名录的企业，并没有禁止其参与招标活动的资格，除非在招标文件中明确被市场监督管理部门列入经营异常名录的作否决投标处理，否则存在该情形的投标人可以正常参与招标投标活动。目前，仅有《企业信息公示暂行条例》第十八条规定：“县级以上地方人民政府及其有关部门应当建立健全信用约束机制，在政府采购、工程招标投标、国有土地出让、授予荣誉称号等工作中，将企业信息作为重要考量因素，对被列入经营异常名录或者严重违法企业名单的企业依法予以限制或者禁入。”因此，招标文件可以规定将投标人被列入经营异常名录作为否决性资格条件。

在本案例中，招标文件的“投标人资格要求”并没有对列入经营异常名录的投标企业提出限制或禁止投标的情形，故评标委员会不能超出招标文件规定以此为由否决中 × 公司、塔 × 公司和成 × 公司联合体的投标。

【启示】

根据《企业经营异常名录管理暂行办法》，企业出现以下四种情形会被列入经营异常名录，并在企业信用信息公示系统中用明显的红色标记进行提示：

（1）未依照《企业信息公示暂行条例》第八条规定期限公示年度报告的，即企业未在每年 1 月 1 日至 6 月 30 日，向工商部门报送上一年度年度报告，并通过企业信用信息公示系统向社会公示。

（2）未依法在责令期限内公示有关企业信息的，即企业未在信息形成之日起 20 个工作日内，也未在市场监督管理部门责令的期限内通过公示系统向社会公示其应当公示的即时信息。

（3）公示企业信息隐瞒真实情况、弄虚作假的。

（4）通过登记的住所（经营场所）无法联系的。

投标人被列入经营异常名录可以正常参加招标投标活动，是否作否决投标处理，应根据招标文件要求认定。

另外，根据相关法律规定，被列入经营异常名录满 3 年仍未履行信息公示义务的企业，将被列入严重违法企业名单，并通过公示系统向社会公示。被列入严重违法企业名单是经营异常名录状态持续的结果，是更严重的失信行为，应当否决其投标。联合体投标的，若成员之一的资信情况不合格，则视为整个联合体的资信情况不合格。

第六节　投诉投标人弄虚作假、串通投标

一、投诉中标候选人隐瞒诉讼情况弄虚作假

【案例121】

招标投标投诉处理决定书

投诉人：××建装股份有限公司

被投诉人：××建设管理发展有限责任公司

招标人：××置业有限公司

1. 投诉人的投诉事项及主张

投诉人认为，被投诉人以第一中标候选人和第二中标候选人的投标文件有关承诺不一致，未经过评标委员会复核，直接根据招标文件前附表的约定，作中标无效处理，并作流标决定，违反《招标投标法实施条例》第七十三条规定。

请求及主张：请求维护投诉人为该工程合法中标人的

权益。

2. 调查认定的基本事实

评标委员会在 2020 年 11 月 12 日组织的评标中，未按照招标文件投标人须知前附表第 10.8 条规定，在中国执行信息公开网上对投标人的相关信息进行核实。评标委员会在 2020 年 12 月 1 日组织的第二次复议中，发现包含投诉人的共 5 家投标人存在涉及隐瞒“诉讼、仲裁”事项，不符合招标文件投标人须知前附表第 10.8 条规定，并形成了书面意见。同时，评标委员会形成书面复议报告，重新推荐中标候选人，其中第一中标候选人（投诉人）和第二中标候选人在评标委员会出具的书面意见中均明确涉及隐瞒“诉讼、仲裁”事项。复议报告结论和复议意见互相矛盾，评审存在错误。

招标人及被投诉人在复议报告结论和复议意见互相矛盾的情况下，没有履行审查义务，于 2020 年 12 月 2 日对该次复议结果进行了公示，并于 2020 年 12 月 7 日发布了《中标公告》，确定投诉人 ×× 建装股份有限公司为中标人，又于 2020 年 12 月 15 日以第一中标候选人和第二中标候选人的投标文件有关说明承诺不一致，依据招标文件规定，作中标无效处理，发布了《招标异常公告》，存在一定过错。

3. 处理意见

综上所述，评标委员会未按照招标文件规定进行评审，违反《招标投标法》第四十条的规定，根据《招标投标法》第六十四条和《招标投标法实施条例》第七十一条、第八十一条的规定，本机关决定如下：招标人 ×× 置业有限公司发布的《中标公告》和《招标异常公告》无效，由招标人组织评标委员会重新评标，对评审中的错误予以纠正。

【评析】

评标委员会应按照招标文件确定的评标标准和方法，对投标文件进行评审和比较，完成评标后，评标委员会应当向招标人提出书面评标报告，并推荐合格的中标候选人。招标人是否要求投标人提供与“诉讼、仲裁”事项相关的材料，尚无法律法规对此有具体的要求。招标人应根据招标项目的性质和规模、投标人的信誉和业绩、项目的风险管理需要等具体情况进行考虑是否设置此要求，招标人要求投标人提供与“诉讼、仲裁”事项相关的材料，可以更全面地了解投标人的履约能力和风险控制能力，从而更好地选择合适的投标人进行合作。因此，在实际操作中，招标人需要根据项目的具体情况和自身的风险管理需要，综合考虑各种因素，来决定是否需要要求投标人提供与“诉讼、仲裁”事项相关的材料。评标委员会对此应严格审核、客观评判。

本案例中，评标委员会未按照招标文件规定的评标标准和方法评标，在发现投诉人存在涉及隐瞒“诉讼、仲裁”事项时，形成了书面意见，但出具的复议报告结论中仍将投诉人列为第一中标候选人，与书面意见互相矛盾，存在错误。招标人及被投诉人对该互相矛盾的情况未尽到审查义务，导致中标公示后，才依据招标文件规定，作中标无效处理，存在一定过错。评标委员会的行为对中标结果造成了实质性影响，故受理机关认定应当重新评标，对评审中的错误予以纠正。

【启示】

招标文件要投标人提供诉讼证明材料的，应明确证明材料的类型、出具方及获取途径。招标人不宜要求投标人提供"无涉诉承诺"。招标人应结合评标办法，提出合理的评价指标，如根据招标项目的实际情况，对不同类型的涉诉案件设置不同的评分标准。除检查投标材料的完整性和真实性外，评标委员会还应分析投标人提供的诉讼、仲裁事项材料所反映的情况是否影响其履约能力，是否有合格的信誉。

二、投诉项目经理弄虚作假骗取中标候选人资格

【案例 122】

招标投标投诉处理决定书

投诉人：×× 幕墙有限公司

被投诉人：×× 建筑装饰工程有限公司

招标人：×× 市文物局

1. 投诉人的投诉事项及主张

投诉事项：被投诉人拟派的周 ×× 在"×× 金融中心外环 23 号楼精装修施工工程三标段"任项目经理，该项目尚

未竣工，不符合招标公告第三项第 3 条拟派项目经理不得在其他在建项目中担任职务的规定。且被投诉人未能在开标前将证明项目经理周 ×× 的“项目经理变更备案表”送达投标地点，不符合《注册建造师管理规定》第三章第二十一条的规定。

同时，投诉人认为被投诉人仅提供“项目经理变更备案表”，未提供建设行政主管部门变更备案资料，不能作为项目经理周 ×× 无在建项目的证明资料，被投诉人涉嫌利用周 ×× 项目经理的业绩和信用信息投标，骗取该项目第一中标候选人资格。

投诉人的请求及主张：撤销被投诉人第一中标候选人的资格，顺延该项目第二中标候选人（投诉人）为第一中标候选人。

2. 调查认定的基本事实

经调查，被投诉人中标的“×× 金融中心外环 23 号楼精装修工程施工三标段”于 2020 年 10 月 27 日向该项目建设单位 ×× 建设发展集团有限公司提出变更项目经理周 ××，项目建设单位于 2020 年 10 月 27 日同意将原项目经理周 ×× 变更为谢 ××。

被投诉人在“×× 幕墙工程项目”投标中，未使用“×× 金融中心外环 23 号楼精装修工程施工三标段”业绩，不存在利用项目经理周 ××“×× 金融中心外环 23 号楼精装修工程施工三标段”业绩及信用信息投标，骗取该项目第一中标候选人资格的行为。

3. 处理意见

根据《注册建造师执业管理办法》(建市〔2008〕48号)第十条第二款第(二)项和《住房和城乡建设部关于〈注册建造师执业管理办法〉有关条款解释的复函》(建市施函〔2017〕43号)的规定，本机关认为被投诉人在“××金融中心外环23号楼精装修工程施工三标段”合同履约期间变更项目经理周××，已经该项目建设单位同意，项目经理变更事实应当予以认可。

综上所述，投诉人的投诉缺乏事实根据和法律依据。根据《工程建设项目招标投标活动投诉处理办法》第二十条规定，本机关决定驳回投诉人的投诉。

【评析】

在激烈的市场竞争中，投标人为了谋取中标不惜弄虚作假的行为屡见不鲜。《招标投标法实施条例》第四十二条规定了弄虚作假的行为。其中，隐瞒项目经理有在建工程的行为即属于弄虚作假的行为。项目经理有无在建工程，是指拟参与投标的项目经理，在参与投标的同时是否有在其他项目中担任项目经理职务。依据《注册建造师管理规定》第二十一条，注册建造师不得同时在两个及两个以上的建设工程项目上担任施工单位项目负责人。实践中，对项目经理是否有在建工程的界定标准尚未达成一致，较多以工程的竣工验收报告为准。在招标投标活动中，同一人不得担任同时担任两个或两个以上项目负责人。

本案例中，投诉人认为被投诉人提供的材料不足以证明被投诉人拟派的项目经理无在建工程，不符合招标公告中“拟派项目经理不得在其他在建项目中担任职务”的规定，被投诉人在明知该项目经理有在建工程的情况下，利用其业绩和信用信息投标，存在提供虚假的项目负责人简历以骗取该项目第一中标候选人资格的嫌疑。经调查，被投诉人拟派的项目经理确无在建工程，且被投诉人并未将该在建工程列入业绩中，不存在利用项目经理弄虚作假骗标的情形，故受理机关驳回了该项投诉。

【启示】

为避免投标人中标后不能履约，招标人可在招标文件中规定投标人拟派的项目经理不得有在建工程，可要求投标人签署《项目经理承诺》，针对投标业绩真实性、上岗履职保障作出承诺。拟派项目经理在递交投标文件前曾经有在建工程，但经过合法变更或存在《注册建造师执业管理办法》第九条允许的例外情形的，应当提供相关证明材料，并作出无在建工程的承诺。同时，为防止投标人作虚假承诺，招标人或招标代理机构可以同步通过相关网站查询投标人项目经理在建工程情况，并将查询结果提交评标委员会。

三、投诉投标人资格证明文件弄虚作假

【案例 123】

招标投标投诉处理决定书

投诉人：×× 水电建筑工程处

被投诉人一：×× 水利水电第一工程有限公司

被投诉人二：×× 市政建设集团有限公司

1. 投诉人投诉事项及主张

投诉事项如下：

（1）投诉人认为被投诉人一投标提供的 ×× 县拓海集中供水巩固提升工程第一标段业绩实际未进行完工验收，该业绩完工验收鉴定书存在造假行为。

（2）投诉人认为被投诉人二投标提供的全国工业产品生产许可证（产品名称：水工金属结构）证书编号 XK07-001-××××× 与 ×× 市政建设集团有限公司机电安装机械厂的全国工业产品生产许可证（产品名称：水工金属结构）证书编号一致，但两家公司均为独立法人，在水利部产品质量监督总站官方网站上只能查询到后者的证书信息，前者的证书是伪造的。

投诉人请求行政监督部门核实投诉事项，取消被投诉人一和被投诉人二的中标候选人资格，按本项目招标文件要求进行处理。

2. 调查认定的基本事实

（1）×× 县拓海集中供水巩固提升工程第一标段已于 2019 年 12 月 20 日通过完工验收并印发完工验收鉴定书，×× 水利水电第一工程有限公司投标所附该工程完工验收鉴定书复印件与原件相符。

（2）根据国家市场监督管理总局产品质量安全监督管理司（工业产品生产许可证核发机关）网站查询工业产品生产许可证获证情况：证书编号为 XK07-001-××××× 的全国工业产品生产许可证（产品名称：水工金属结构）已于 2016 年 2 月 19 日进行换证，有效期至 2021 年 2 月 18 日，获得公司名称为 ×× 市政建设集团有限公司，与 ×× 市政建设集团有限公司投标所附证书信息相符。获得公司名称为 ×× 市政建设集团有限公司机电安装机械厂的全国工业产品生产许可证（产品名称：水工金属结构）证书编号 XK07-001-××××× 信息不存在。

本机关认为：投诉人的投诉事项没有事实依据。

3. 处理决定及依据

综上所述，根据《工程建设项目招标投标活动投诉处理办法》第二十条规定，本机关依法作出处理决定如下：驳回投诉人提出的投诉。

【评析】

投标人的履约能力、业绩、信誉以及财务指标等，都

需要提交相关证明材料来证实。投标人伪造编造相关资质证书、许可证件弄虚作假骗取中标是一种常见的违法行为。这种行为会严重损害招标人的利益，也会损害其他合法投标人的利益。

《招标投标法》第三十三条规定，投标人不得以低于成本的报价竞标，也不得以他人名义投标或者以其他方式弄虚作假，骗取中标。《招标投标法实施条例》第四十二条第二款规定，投标人有下列情形之一的，属于《招标投标法》第三十三条规定的“以其他方式弄虚作假”的行为：①使用伪造、变造的许可证件。②提供虚假的财务状况或者业绩。③提供虚假的项目负责人或者主要技术人员简历、劳动关系证明。④提供虚假的信用状况。⑤其他弄虚作假的行为。伪造、变造资格、资质证书或者其他许可证件骗取中标的，可能承担中标无效、取消中标资格、被市场监督管理部门吊销营业执照等结果。同时，行政许可证件是由行政机关依法颁发给符合条件的申请人，作为从事某种经营活动的凭证。伪造许可证件的行为违反了《中华人民共和国治安管理处罚法》《中华人民共和国刑法》等法律规定，需要承担相应的法律责任。

本案例中，投诉人认为被投诉人提供的工业产品生产许可证上获得的公司名称与国家市场监督管理总局产品质量安全监督管理司（工业产品生产许可证核发机关）网站上获得的公司名称不一致。经查，网站上获得的公司名称为被投诉人的曾用名，故该证件真实有效，投诉事项不属实。

【启示】

招标文件应明确投标人应提供的资格证明、业绩证明、承诺书等材料名录，评标委员会应对投标人提供的材料进行严格审查和验证。对于弄虚作假的行为，招标人可在招标文件中明确弄虚作假的行为将被认定为严重失信行为，并规定相应的惩戒措施。如可以规定在招标文件中对投标人的违规行为进行记录，严重者可以取消其在该项目中的中标资格，并列入"黑名单"，对其在一段时间内参与投标进行限制。对企业资质的审查，可将投标文件与"天眼查"、证照核发机关官方网站等平台上的信息进行比对，防范证照造假。

四、投诉业绩合同造假

【案例 124】

招标投标投诉处理决定书

投诉人：三 × 建设工程有限公司

被投诉人：鹏 × 建设工程有限公司

1. 投诉人投诉事项及主张

投诉人认为被投诉人提供的 ×× 县 ×× 镇瓦 × 村、平 × 村集中供水工程为虚假业绩。投诉人请求核实该工程业绩，取消该公司 ×× 水厂扩建工程中标候选人资格。

2. 调查认定的基本事实

被投诉人投标文件所附的 ×× 县 ×× 镇瓦 × 村、平 × 村集中供水工程业绩材料（中标通知书、合同协议书、合同工程完工验收鉴定书）显示项目实施年份为 2019 年，建设单位为 ×× 市 ×× 城乡水务建设有限公司，建设单位落款公章名称为 ×× 市 ×× 城乡水务建设有限公司。经核查，×× 县不存在 ×× 市 ×× 城乡水务建设有限公司，近三年 ×× 县 ×× 镇未实施“×× 县 ×× 镇瓦 × 村、平 × 村集中供水工程”。上述认定事实有国家企业信用信息公示系统查询结果及 ×× 县水务局的函件为证。

综上所述，认定基本事实如下：被投诉人于 2020 年 12 月 4 日参与 ×× 水厂扩建工程项目投标所递交的投标文件中提供的 ×× 县 ×× 镇瓦 × 村、平 × 村集中供水工程业绩材料与实际不符，业绩造假情况属实。

3. 处理决定及依据

根据《工程建设项目招标投标活动投诉处理办法》第二十条第（二）项、《招标投标法》第五十四条和第六十一条、《招标投标法实施条例》第四条、水利部《关于印发〈水利工程建设项目招标投标行政监督暂行规定〉的通知》第三条等规定，本局作出处理决定如下：鹏 × 建设工程有限公司本次中标无效。

【评析】

投标人弄虚作假骗取中标结果，是谋取中标的一种常见

手段。其中，以提供虚假业绩、伪造业绩最为简便，也最常发生。虚假业绩是指投标人提交的业绩证明材料与实际情况不符或者虚构了实际并不存在的业绩，甚至伪造、变造业绩证明文件。根据《招标投标法》第三十三条、第五十四条规定，投标人不得以低于成本的报价竞标，也不得以他人名义投标或者以其他方式弄虚作假，骗取中标。以他人名义投标或者以其他方式弄虚作假，骗取中标的，中标无效，给招标人造成损失的，依法承担赔偿责任；构成犯罪的，依法追究刑事责任。《招标投标法实施条例》第四十二条、第六十八条规定，提供虚假的财务状况或者业绩属于弄虚作假行为，骗取中标的，中标无效；构成犯罪的，依法追究刑事责任；尚不构成犯罪的，依照《招标投标法》第五十四条的规定处罚。依法必须进行招标的项目的投标人未中标的，对单位的罚款金额按照招标项目合同金额依照《招标投标法》规定的比例计算。伪造业绩的行为，本质上是一种欺诈行为。

本案例中，被投诉人伪造了业绩证明材料，虚构了 ×× 县 ×× 镇瓦 × 村、平 × 村集中供水工程的存在，符合《招标投标法》《招标投标法实施条例》规定的虚假业绩的情形，故投诉属实，被行政监督部门认定被投诉人中标无效。

【启示】

投标文件中的业绩证明等文件一般仅要求提供复印件或扫描件，加上采购流程基本实现了全流程电子化，不再需要当面递交纸质投标文件，造假成本也低，给违规投标人提供了可乘之机。因此，在招标投标活动中，招标人可以抽查方式上网核验证明材料的真实性、对可疑材料提示评标委员会要求投标人作出澄清，辅助评标专家工作。评标过程中，可向投标业绩的业主单位去函请求协助调阅投标人相关资质证书、业绩证明，判断其投标资料、业绩的真实性。

招标投标活动当事人发现存在伪造、变造资格和资质证书等违法行为时，应当及时向有关行政监督部门报告，惩治弄虚作假行为，维护市场公平竞争秩序。

五、投诉请求复核投标人的业绩真实性

【案例 125】

招标投标投诉处理决定书

投诉人：×× 工业有限公司

被投诉人：×× 空调制冷有限公司

投诉人陈述事项及主张：×× 空调制冷有限公司提供的蒸发式冷凝螺杆热泵机组的供货业绩的真实性存疑，请求核实，并能公开此次评标过程录像。

经查明：

（1）招标文件业绩评分规定：投标品牌自 2012 年 1 月 1 日以来（以合同签订日期为准）具有单个合同金额 500 万元人民币及以上蒸发式冷凝螺杆冷水机组的供货业绩，每个得

1 分，最高得 2 分；具有单个合同金额 200 万元人民币及以上蒸发式冷凝螺杆冷水热泵机组的供货业绩，得 1 分。

（2）评标委员会对被投诉人业绩的评分为：2014 年 9 月 ×× 地铁 4 号线工程的蒸发式冷凝螺杆式冷水机组，合同金额 1145 万元人民币，得 1 分；2015 年 ×× 学院的蒸发式冷凝螺杆式冷水机组，合同金额约 528 万元人民币，得 1 分；2013 年 ×× 医院的蒸发式冷凝螺杆式冷水热泵机组，合同金额约 217 万元人民币，得 1 分。

（3）被投诉人投标文件中附有 ×× 医院项目的证明材料两份，一份在投标文件（资格册）第 51 页、第 65 页和第 66 页，一份出现在投标文件（技术册）第 265 页、第 278 页。对比 ×× 医院项目两份订单，项目名称（×× 医院）、买方、订单号、数量、英文总价（16.1154 万美元）、签订日期、交货日期均相同。其中不同点如下：投标文件（资格册）第 51 页相关业绩评分汇总表、第 65 页、第 66 页设备名称为蒸发式冷凝螺杆冷水热泵机组；型号为 ALES250AR3；价格除英文总价（16.1154 万美元）外，还有阿拉伯数字价格，单价 17.1154 万美元，总价 34.2308 万美元（约 217 万元人民币）；盖章为公章，无骑缝章，实业签名为 ×××。投标文件（技术册）第 265 页业绩情况一览表的设备名称为蒸发式冷凝螺杆冷水机组；第 278 页订单型号为 ALES250A3；价格只有英文总价（16.1154 万美元）；盖章为合同专用章，有 ×× 实业骑缝章，×× 实业的签名为 ×××。

（4）被投诉人在 ×× 地铁 4 号线一期工程通风空调系统蒸发式冷凝螺杆冷水机组设备采购标投标中，提交了 ×× 医院项目的业绩证明材料，与 ×× 广场地下商城（地下空间开发）项目蒸发式冷凝螺杆冷水热泵机组采购标段投标文件（技术册）第 265 页、第 278 页的证明材料完全一致，均显示其业绩的设备名称为蒸发式冷凝螺杆冷水机组；订单型号为 ALES250A3；英文总价为 16.1154 万美元（无阿拉伯数字价格），经汇率换算少于 200 万元人民币。

（5）评标委员会在评标时，未能认真评审 ×× 空调制冷有限公司投标业绩及证明材料，未能发现其投标文件中有关业绩材料之间存在不一致。

本机关认为：已查明评标委员会未能发现被投诉人投标文件中有关业绩材料之间存在不一致，存在评标差错；同时，被投诉人在投标文件中存在投标证明材料弄虚作假的行为。根据《工程建设项目招标投标活动投诉处理办法》第二十条第二项规定，投诉成立。根据《招标投标法实施条例》第七十一条的规定，责令评标委员会整改。关于 ×× 空调制冷有限公司的弄虚作假和评标委员会的评标差错按行政处罚有关规定另行处理。

【评析】

评标委员会应按照招标文件规定的评标标准和方法评标，对于投标文件中提供的信息和资料的真实有效性进行严

谨细致的审核，并出具相应评审结论。中标候选人的经营、财务状况发生较大变化或者存在违法行为，招标人认为可能影响其履约能力的，应当在发出中标通知书前对相关情况进行复核。在评审结果公布后至评审报告签署完成前，出现异议或投诉，由原评标委员会按照招标文件规定的标准和方法对相关异议或投诉内容进行复核。

本案例中，被投诉人的投标文件中有两份针对同一项目的证据材料，一份在投标文件（资格册），一份在投标文件（技术册），但两份业绩证明的合同总价、盖章情况、合同对方签名并不相同。评标委员会未能发现被投诉人的有关业绩材料之间存在不一致，未能尽到按招标文件规定的评标标准和方法评标的责任，因此行政监督部门依据《招标投标法实施条例》第七十一条，责令评标委员会改正。

【启示】

在有限的评标时间内，评标专家需完成多份投标文件的评判，且查阅核实手段有限，故难以对文件真实性完全准确认定。因此，可以安排招标代理机构协助查阅资格证明文件的真实性、有效性，对可疑材料提示评标委员会要求投标人作出澄清，辅助评标委员会工作。

依据《招标投标法》第四十条、国家发展改革委等部门联合发布的《关于严格执行招标投标法规制度进一步规范招标投标主体行为的若干意见》（发改法规规〔2022〕1117号）等规定，招标人应当在中标候选人公示前认真审查评标委员会提交的书面评标报告，发现异常情形的，依照法定程序进行复核，确认存在问题的，依照法定程序予以纠正。重点关注评标委员会是否按照招标文件规定的评标标准和方法进行评标；是否存在对客观评审因素评分不一致，或者评分畸高、畸低现象；是否对可能低于成本或者影响履约的异常低价投标和严重不平衡报价进行分析研判；是否依法通知投标人进行澄清、说明；是否存在随意否决投标的情况。

六、投诉其他投标人串通投标

【案例 126】

招标投标投诉处理决定书

投诉人：C 公司

被投诉人：A 公司、B 公司

投诉主张：某运动中心维修改造项目中，投标人 A 公司和 B 公司在交易中心登记的开标联系人为同一人（曹某），涉嫌串通投标。

省发展改革委查明：

（1）两家公司投标文件中的“投标人基本情况表”中填写的电话（073×-×××××××）和邮箱（1637×××@qq.com）等信息相同。经查询，该电话和邮箱为 A 公司对外公开电话及邮箱。

（2）两家公司投标文件所附的资信证明书落款签字和日期手写笔迹完全相同。

（3）建设银行某支行向省发展改革委提供了书面说明，称两家公司投标文件中分别所附的《资信证明书》(TXZH×××××××）和《资信证明书》(TXZH×××××××）不属于该行出具，均为伪造。经比对，两份资信证明书是在其他资信证明书的基础上篡改而得。

综上所述，鉴于两家企业的投标文件中的联系电话和邮箱一致，且两家企业的资信证明书是同一文件篡改，构成投标文件异常一致，属于《招标投标法实施条例》第四十条第（四）项规定的串通投标情形。

根据《招标投标法》第五十三条和《招标投标法实施条例》第六十七规定，投标人相互串通投标的，处中标项目金额千分之五以上千分之十以下的罚款。省发展改革委决定对两家公司分别作出罚款一万元的行政处罚。同时，根据《××省公共资源交易失信行为联合惩戒办法》第九条规定，将两家公司上述行为认定为失信行为，并抄送省公共资源交易中心在公共资源交易服务平台予以发布。

【评析】

《招标投标法》明确禁止投标人相互串通投标报价、排挤其他投标的公平竞争，以保护国家利益、社会公共利益、招标人的利益和其他人的合法权益。《招标投标法实施条例》第

三十九条规定了投标人相互串通投标的情形：①投标人之间协商投标报价等投标文件的实质性内容。②投标人之间约定中标人。③投标人之间约定部分投标人放弃投标或者中标。④属于同一集团、协会、商会等组织成员的投标人按照该组织要求协同投标。⑤投标人之间为谋取中标或者排斥特定投标人而采取的其他联合行动。《招标投标法实施条例》第四十条规定了可视为投标人相互串通投标的情形，即对于有以下客观外在表现形式的行为，评标委员会、行政监督部门、司法机关和仲裁机构可以认定投标人之间串通投标：①不同投标人的投标文件由同一单位或者个人编制。②不同投标人委托同一单位或者个人办理投标事宜。③不同投标人的投标文件载明的项目管理成员为同一人。④不同投标人的投标文件异常一致或者投标报价呈规律性差异。⑤不同投标人的投标文件相互混装。⑥不同投标人的投标保证金从同一单位或者个人的账户转出。《中华人民共和国刑法》《招标投标法》《招标投标法实施条例》及其他部门规章中均明确规定了投标人相互串通投标应承担的法律责任，包括中标无效、罚款、没收违法所得、取消投标资格、承担民事赔偿，甚至可能被追究刑事责任。

本案例中，被投诉的两个投标人提交的投标文件中的联系电话和邮箱一致，且两家企业的资信证明书是由同一文件篡改，符合《招标投标法实施条例》第四十条规定的“不同投标人的投标文件异常一致”的情形，故行政监督部门认定关于串通投标的投诉成立。

【启示】

实践中，串通投标行为种类和手段日趋多样化，且愈发隐蔽，因此在招标投标活动中，运用电子招标投标、人工智能、大数据等新手段和新技术，能更加精准、高效、便捷地发现串通投标行为，营造良好的市场竞争环境。

第七节　投诉其他投标人（中标候选人）资格条件不合格

一、投诉投标人有重大违法行为不具备投标资格

【案例 127】

招标投标投诉处理决定书

投诉人一：×× 玻璃科技股份有限公司

投诉人二：×× 光电实业有限公司

被投诉人：×× 幕墙工程有限公司

招标人：×× 烟草公司

投诉人一认为，被投诉人有过重大违法行为，不符合招标文件第 17.2 条的规定，不具备投标资格条件，并附有相关

证据。

投诉人二认为，被投诉人有过重大违法行为，其涉嫌在投标文件中作虚假声明，骗取中标，并附有相关证据。

我委查明：

（1）该项目招标公告和招标文件载明下述内容：

1）招标公告第 2 条规定“本项目对投标人的资格采用资格后审方式，主要资格审查标准和内容详见招标文件中的资格审查文件，只有资格审查合格的投标人才有可能被授予合同”。

2）招标文件第二部分投标人须知第 3 条规定合格投标人须“满足‘投标资料表’对本次招标提出的其他合格条件”。

3）招标文件第二部分投标人须知第 17 条“证明投标人合格和资格的文件”中的第 17.2 点规定“投标人的资格声明（按招标文件第四部分格式提供，声明其提交的证明文件的真实性与正确性，声明其是独立于招标人和招标代理机构的供应商，并按“投标资料表”要求的年限申明其在经营活动没有重大违法活动和涉嫌违规行为）”。

4）招标文件投标人须知附件 1“投标资料表”中要求投标人须在投标文件中提供“近三年（2006 年至今）无违法违规活动的申明”。

（2）被投诉人没有在投标文件中，作出近三年（2006 年至今）无违法违规活动的申明，其提供了一份由 ×× 市建设局开具的《××城项目东立面及西立面光伏发电系统工程××幕墙工程有限公司2006年至今诚信状况的证明》，内容为“经在××建设信息网查询，该企业2006年至今没有发生《建筑业企业资质管理规定》所列的违规行为”。

我委认为，被投诉人虽然在其投标文件提供了由××建设局开具的证明文件，由于××建设局开具证明文件，仅限于在××市建设信息网所能查询的关于被投诉人违反《建筑业企业资质管理规定》所列的违规行为，不能证明被投诉人近三年（2006年至今）在经营活动中无违法违规活动，故不能当作被投诉人已对近三年（2006年至今）无违法违规活动作出了申明，被投诉人不符合招标文件中的资格合格规定。评标委员会在该项目评审中，违反了《招标投标法》第四十条的规定。

综上所述，我委决定，根据《工程建设项目货物招标投标办法》第五十七条第（一）项的规定，该项目评标无效。

【评析】

在对投标人资格审查的过程中，是否存在重大违法行为是决定供应商是否具备投标资格的重要条件，评标委员会应当按照招标文件确定的评标标准和方法对投标人是否存在重大违法行为进行审查。《招标投标法》第十八条规定：“招标人可以根据招标项目本身的要求，在招标公告或者投标邀请书中，要求潜在投标人提供有关资质证明文件和业绩情况，并对潜在投标人进行资格审查。”因此，投标人为证明其不存在重大违法行为的，应当按照招标文件的要求提供相应的佐证。

本案例中，招标文件投标人须知附件1“投标资料表”中明确要求投标人须在投标文件中提供“近三年（2006年至今）无违法违规活动的申明”。而投标人提供的是由××建设局开具的证明文件，不是投标文件要求的佐证材料，不能当作已对近三年无违法违规活动作出了申明，应认定投标人不符合招标文件中的资格合格条件，故评标无效，应当重新招标或评标。

【启示】

实践中，大多以投标人提交书面声明函的形式，证明其在一定时期内，其经营活动中不存在重大违法行为，也可通过在“信用中国”网站查询行政处罚信息的方式，验证投标人所提交的书面声明函的真实性。

如何认定投标人无重大违法记录并无法定标准，一般认为当违法行为所受到的行政处罚达到一定标准即表明该行为属于重大违法行为，包括投标人因违法经营受到刑事处罚或者责令停产停业、吊销许可证或者执照、较大数额罚款等行政处罚的情形。

二、投诉中标候选人项目经理有在建工程应撤销其中标候选人资格

【案例 128】

招标投标投诉处理决定书

投诉人：×× 装饰设计工程有限责任公司

被投诉人：×× 建筑安装工程有限公司

招标人：×× 市轨道交通有限责任公司

1. 投诉人的投诉事项及主张

投诉事项一：被投诉人投标中标的 ×× 市城市轨道交通 1 号线工程正线车站公共区装修工程施工项目 ×× 标段的项目负责人刘 × 在投标时及中标后有在建工程。被投诉人项目负责人刘 × 在 2019 年 10 月 17 日已中标 ×× 市轨道交通 5 号线车站装修工程四标段，目前 ×× 轨道 5 号线还未完工，属于在建工程，因此 ×× 建筑安装工程有限公司不具备本工程招标文件规定的投标人资格要求。

投诉事项二：被投诉人在 ×× 轨道 5 号线中的项目经理变更无法在 ×× 市公共资源交易中心官网上查到任何变更记录信息。×× 市公共资源交易中心官网发布有“项目经理变更及解锁流程”及“项目经理解锁、变更申请表”模板，如果被投诉人按照规定要求和流程进行 ×× 轨道 5 号线的项目

经理变更，那么官网会有变更记录，但我公司在 ×× 市公共资源交易中心网站查询关于“项目名称：×× 市轨道交通 5 号线车站装修工程，项目负责人名称：刘 ×，变更类型：项目负责人变更”，并未显示任何变更信息。

投诉人请求撤销被投诉人第一中标候选人资格，维护市场秩序。

2. 调查认定的基本事实

经调查，被投诉人于 2020 年 6 月 4 日向 ×× 地铁集团有限公司提出关于变更 ×× 市轨道交通 5 号线车站装修工程四标段原项目经理刘 × 为王 ×× 的申请，×× 地铁集团有限公司于 2020 年 6 月 22 日同意将原项目经理刘 × 变更为王 ××，符合《注册建造师执业管理办法》（建市〔2008〕48 号）第十条第二款规定。

根据《住房和城乡建设部关于〈注册建造师执业管理办法〉有关条款解释的复函》（建市施函〔2017〕43 号）中“根据〈注册建造师执业管理办法〉（建市〔2008〕48 号）第十条规定，建设工程合同履行期间变更项目负责人的，经发包方同意，应当予以认可。企业未在 5 个工作日内报建设行政主管部门和有关部门及时进行网上变更的，应由项目所在地县级以上住房城乡建设主管部门按照有关规定予以纠正”的规定，被投诉人 ×× 建筑安装工程有限公司在 ×× 市轨道交通 5 号线车站装修工程四标段建设工程合同履约期间变更项目经理刘 ×，已经该项目发包人 ×× 地铁集团有限公司同意，虽未报有关部门及时进行网上变更，但项目经理变更事实应当予以认可。

3. 处理意见

综上所述，投诉人的投诉缺乏事实根据。根据《工程建设项目招标投标活动投诉处理办法》第二十条第一项规定，我局决定驳回投诉人的投诉。

【评析】

《注册建造师执业管理办法》（建市〔2008〕48 号）第九条规定："注册建造师不得同时担任两个及以上建设工程施工项目负责人。发生下列情形之一的除外：（一）同一工程相邻分段发包或分期施工的。（二）合同约定的工程验收合格的。（三）因非承包方原因致使工程项目停工超过 120 天（含），经建设单位同意的。"《注册建造师管理规定》第二十一条也规定："注册建造师不得同时在两个及两个以上的建设工程项目上担任施工单位项目负责人。"由此可知，已有在建工程的项目经理不得再作为项目经理参与另一工程的投标。若在评标阶段，评标委员会发现该情况，应当对该投标人予以否决，若在评标结束后发现，则投标人和其他利害关系人可以提起异议甚至投诉。

《注册建造师执业管理办法》（建市〔2008〕48 号）第十条规定"注册建造师担任施工项目负责人期间原则上不得更换。如发生下列情形之一的，应当办理书面交接手续后更换施工项目负责人：（一）发包方与注册建造师受聘企业已解除承包合同的。（二）发包方同意更换项目负责人的。（三）因不可抗力等特殊情况必须更换项目负责人的。建设工程合同履行期间变更项目负责人的，企业应当于项目负责人变更5个工作日内报建设行政主管部门和有关部门及时进行网上变更。”从该条款可知，因特殊原因或经发包方同意，承包方可更换项目负责人，但需要向行政部门履行变更手续。对于变更手续是否为生效要件，《住房和城乡建设部关于《〈注册建造师执业管理办法〉有关条款解释的复函》（建市施函〔2017〕43号）中规定“建设工程合同履行期间变更项目负责人的，经发包方同意，应当予以认可。企业未在5个工作日内报建设行政主管部门和有关部门及时进行网上变更的，应由项目所在地县级以上住房城乡建设主管部门按照有关规定予以纠正。”因此，项目负责人变更只需要发包人同意即可生效，是否进行网上变更不影响其效力。

在本案例中，招标文件在对投标人的资格认定中明确规定了项目经理不得有在建工程。在对事实进行审查后，证实中标人的拟派项目经理正属于因不可抗力等特殊情况，与原项目发包人协商后更换项目负责人的情形，因此认定拟派的项目经理确实也无在建工程，应当认定中标候选人的投标资格是合格的。

【启示】

投标人拟派的项目经理在参与投标的同时不得在其他

项目中担任项目负责人职务。拟派项目经理在递交投标文件前曾有在建工程，但经过合法变更的，应当提供相关证明材料，并作出无在建工程的承诺，否则视为仍有在建工程，其投标资格应予以否决。招标文件中如果将项目经理在投标时不得另有在建项目列为招标投标的否定性条件，即使投标人此后中标也可能导致该投标无效。

施工企业投标时需注意提供的项目经理是否还有在建工程，工程未结束前变更项目经理要及时进行网上变更，避免造成不必要的投诉。常见的项目经理备案平台有全国建筑市场监管公共服务平台（四库一平台），可以查询建设工程的项目负责人。

三、投诉中标候选人业绩不合格

【案例129】

招标投标投诉处理决定书

投诉人：通×交通工程有限公司

被投诉人：万×交通工程有限公司

投诉事项及主张：××至××公路××至××段建设工程JA1标段中标候选人万×交通工程有限公司提供的业绩“××县2017年国省干线（G318、G106、S308）“455”生命安全防护工程A包”（以下简称为××县“455”工程A

包）为完善工程，不应属于新改建项目，其投标文件不符合招标文件要求，资格审查应不予以通过。

经查明：

（1）招标文件资格审查条件附录3对投标人的业绩要求为“2013年1月1日（以实际交工日期为准）以来按一个标段成功完成过一个一级及以上新改建公路交通安全设施（不含大中修、小修保养及完善工程的交安施工）工程的施工”。

附录5对拟派项目经理的业绩要求为“担任过一个一级及以上新改建公路交通安全设施（不含大中修、小修保养及完善工程的交安施工）业绩的项目经理（或项目副经理或项目总工程师）。”

（2）万×交通工程有限公司投标文件提供的业绩为××县“455”工程A包，证明材料为合同协议书、主要业绩信息一览表（××省交通运输厅建设市场诚信信息系统打印件）、工程竣工验收证明书。上述证明材料均未体现投标业绩是否属于新改建、大中修、小修或完善工程。

（3）针对万×交通工程有限公司“318国道××至××段属于新改建公路工程”的申辩，通过查询××县公共资源交易中心网站，该网站显示××县国道××至××段改扩建工程（即318国道中的新改建路段，其交安标未单独招标）于2014年9月30日完成评标，第一中标候选人为路×集团有限公司。结合××县公路管理局的回函说明，可以判定万×交通工程有限公司承接的××县“455”工程

A包是单纯的完善工程，其工程范围内没有新改建内容。

（4）9月4日，万×交通工程有限公司承认其公司的投标业绩××县“455”工程A包是完善工程而非新改建工程，认可投标业绩不满足招标文件的业绩要求。

本机关认为：万×交通工程有限公司投标文件中投标人和拟派项目经理的业绩××县“455”工程A包不符合招标文件审查条件中的业绩要求。根据《工程建设项目招标投标活动投诉处理办法》第二十条第（二）款规定，作出如下处理意见：投诉成立。招标人根据相关法律法规和招标文件规定完成后续招标事宜。

【评析】

招标人可以根据招标项目本身的要求，在招标公告或者投标邀请书中，要求潜在投标人提供有关资质证明文件和业绩情况，并对潜在投标人进行资格审查，若投标人的业绩证明材料未实质性响应招标文件资格条件，构成重大偏差的，根据《评标委员会和评标方法暂行规定》第二十五条规定，应对其投标文件作否决投标处理。

在本案例中，招标文件资格审查条件中，对投标人的业绩要求明确为完成新改建公路交通安全设施工程的施工，不得为大中修、小修保养及完善工程的交安施工。根据调查结果，被投诉人提供的投标业绩××县“455”工程A包是完善工程而非新改建工程，业绩不合格，不符合资格条件要求，属于重大偏差，故应取消其中标资格。

【启示】

在实践中，部分投标人虽然对招标文件中的业绩要求进行响应，但其并未完全按照招标文件的要求提供相应的证明材料，其投标文件不完整，存在投标偏差。此时要分析此处投标偏差对投标人的影响，认定属于重大偏差还是细微偏差。投标文件在实质上响应招标文件要求，但在个别地方存在漏项或者提供了不完整的技术信息和数据等情况，并且补正这些遗漏或者不完整不会对其他投标人造成不公平的结果，属于细微偏差，可以补正。

招标文件编制过程中，应注意尽量将业绩证明文件的形式和提交要求具体化，以方便投标人编写投标文件以及后期评标。

四、投诉中标候选人主要技术人员资格不合格

【案例130】

招标投标投诉处理决定书

投诉人：×× 建设发展有限公司

被投诉人：×× 水利水电基础工程有限公司

1. 投诉人投诉事项及主张

投诉事项为 ×× 市 ×× 水利枢纽工程库岸防护工程Ⅱ

标段公示第一中标候选人××水利水电基础工程有限公司拟投入招标项目的主要管理人员安全员朱×新已在××市××县农田建设示范区工程Ⅰ标段、××河段整治工程Ⅰ标段任安全员职务，未响应招标文件要求，主张招标人取消该公司第一中标候选人资格。

2. 调查认定的基本事实

××县水利局复函证实：

（1）××市××县农田建设示范区工程Ⅰ标段工程于2014年12月19日开工，至2016年5月底完工，期间安全员朱×新没有变更。该工程已按合同工程完工，但未进行完工验收。

（2）××河段整治工程Ⅰ标段施工单位是××水利水电基础工程有限公司，安全员是朱×新，目前属于在建工程，截至2017年1月23日，未进行主要施工管理人员变更。

根据《××市××水利枢纽工程库岸防护工程施工招标文件》要求，拟投入本工程的项目经理和安全管理人员必须是本单位的在岗且在××水利工程建设项目管理信息系统建立信用档案的人员……且不得在任何在建工程中担任任何管理职务。招标文件第8章商务标格式中投标辅助资料进一步明确了在建工程范围：时间从中标公示之日起至完工验收鉴定书或竣工验收鉴定书标明的验收日期。开标时间2017年1月23日，××市××县农田建设示范区工程Ⅰ标段未进行完工验收，属于招标文件定义明确的在建工程范围，安全员朱×新没有变更，任职属实；××河段整治工程Ⅰ标段为在建工程，安全员朱×新未变更，任职属实。

综上所述，调查认定的基本事实如下：××建设发展有限公司投诉××水利水电基础工程有限公司投标时拟投入××市××水利枢纽工程库岸防护工程Ⅱ标段的安全员朱×新仍在××市××县农田建设示范区工程Ⅰ标段和××河段整治工程Ⅰ标段工程任安全员职务情况属实。

3. 处理意见及依据

2017年1月23日，××水利水电基础工程有限公司在递交的投标文件中，隐瞒其拟投入的安全员朱×新仍在其他在建工程任职事实，并作出“现承诺我单位投入本工程的项目经理和安全管理人员是本单位的在岗人员，且不在任何在建工程（时间从中标公示之日起至完工验收鉴定书或竣工验收鉴定书标明的验收日期）中担任任何管理职务”的虚假承诺。根据《工程建设项目招标投标活动投诉处理办法》第二十条第（二）项“投诉情况属实，招标投标活动确实存在违法行为的，依据《招标投标法》及其他有关法规、规章作出处罚”、《招标投标法》第五十四条和第六十一条、《招标投标法实施条例》第四条规定，本局作出处理决定如下：××水利水电基础工程有限公司本次投标中标无效。

【评析】

建设施工招标项目的投标文件内容应包含拟派出的项目

负责人与主要技术人员的简历、业绩和拟用于完成招标项目的机械设备等，投标人提供虚假的项目负责人或主要技术人员的简历信息，属于在招标投标过程中的弄虚作假行为。《招标投标法实施条例》第四十二条规定："投标人有下列情形之一的，属于招标投标法第三十三条规定的以其他方式弄虚作假的行为：（一）使用伪造、变造的许可证件。（二）提供虚假的财务状况或者业绩。（三）提供虚假的项目负责人或者主要技术人员简历、劳动关系证明。（四）提供虚假的信用状况。（五）其他弄虚作假的行为。"从上述规定可以看出，若投标人对主要技术人员的简历、劳动关系证明作出虚假承诺，即被认定为弄虚作假的行为，就应当承担相应的责任。

在本案例中，招标文件明确约定了投标人资格条件必须包含以下人员要求："拟投入本工程的项目经理和安全管理人员必须是本单位的在岗且在 ×× 水利工程建设项目管理信息系统建立信用档案的人员……且不得在任何在建工程中担任任何管理职务。"但被投诉人拟派的安全员在有在建工程的情况下，仍作出安全员无在建工程的虚假承诺，严重违反了相关规定，应当撤销其中标资格。

【启示】

安全员属于招标项目中建设施工的主要技术人员，为了确保招标项目顺利实施，可对其资格条件单独作出规定，可对安全员的业绩提出要求。投标人如提供虚假证明材料或对其简历、业绩作出虚假的承诺，则将被认定为弄虚作假行为，应承担相应的法律责任。

五、投诉中标候选人资格证明文件无效请求重新确定中标候选人

【案例 131】

招标投标投诉处理决定书

投诉人：××水利建设有限公司

被投诉人：××区农业农村局

1. 投诉人投诉事项及主张

投诉人于 2019 年 9 月 3 日向被投诉人提出质疑，被投诉人于 2019 年 9 月 7 日就质疑事项进行了答复。投诉人认为被投诉人给出的答复不符合实际情况，被投诉人并没有提供证据证明××区××镇××区集中供水工程第一中标候选人××建设有限公司获得的奖项：质量管理体系认证证书、环境管理体系认证证书、职业健康管理体系认证证书（以下简称认证证书）是否有效。

投诉人请求被投诉人重新确定中标候选人并进行公示。

2. 调查认定的基本事实

××建设有限公司的认证证书于 2018 年 7 月通过认证机构的第一次监督审核，该企业已于 2019 年 7 月向北京××认证中心申请对其证书进行第二次监督审核。

依据《质量管理体系认证规则》第 5.2.1 条“作为最低要求，初次认证后的第一次监督审核应在认证证书签发日起 12 个月内进行。此后，监督审核应至少每个日历年（应进行再认证的年份除外）进行一次，且两次监督审核的时间间隔不得超过 15 个月”及第 5.2.2 条“超过期限而未能实施监督审核的，应按第 7.2 条或第 7.3 条处理”的规定，截至本工程投标截止时间 2019 年 8 月 29 日，×× 建设有限公司的认证证书的审核时间仍在允许期限内。

依据北京 ×× 认证中心 ×× 分公司的答疑回复函，×× 建设有限公司质量 / 环境 / 职业健康安全管理体系于 2017 年 4 月通过北京 ×× 认证中心有限公司审核并颁发认证证书，认证证书有效期均至 2020 年 6 月 26 日。企业获证以后于 2018 年 7 月 9 ~ 10 日通过第一次监督审核，于 2019 年 7 月申请第二次监督审核，根据国家相关认证认可监督管理的规定，获证企业应在第一次监督审核一年到期后 6 个月内实施第二次监督审核，因此该企业尚在有效期内，网上因系统延迟未及时更新。

以上认定事实有北京 ×× 认证中心 ×× 分公司的函件为证。

本机关认为：投诉人主张被投诉人给出的答复不符合实际情况，没有证据证明第一中标候选人 ×× 建设有限公司的认证证书无效，没有事实依据。投诉人主张被投诉人重新确定中标候选人并进行公示也无事实和法律依据。

3. 处理决定及依据

综上所述，根据《工程建设项目招标投标活动投诉处理办法》第二十条规定，本机关依法作出处理决定如下：驳回投诉人提出的投诉，本项目招标投标活动按程序继续进行。

【评析】

根据《评标委员会和评标方法暂行规定》第二十二条规定，投标人资格条件不符合国家有关规定和招标文件要求的，或者拒不按照要求对投标文件进行澄清、说明或者补正的，评标委员会可以否决其投标。投诉人质疑第一中标候选人的管理体系认证是否有效。根据《质量管理体系认证规则》第 5.2.1 条规定“初次认证后的第一次监督审核应在认证证书签发日起 12 个月内进行。此后，监督审核应至少每个日历年（应进行再认证的年份除外）进行一次，且两次监督审核的时间间隔不得超过 15 个月”。本案例中 ×× 建设有限公司初次认证后的第一次监督审核日期为 2018 年 7 月，根据前述规定，该中标候选人再次申请监督认证的最迟期限为 2019 年 10 月。而所涉投诉事项发生在 2019 年 9 月，即使该中标候选人未在该时间前申请监督认证，也不会影响其安全管理体系认证的效力。况且本案例中标候选人已在 2019 年 7 月申请了第二次监督审核，其管理体系认证更不存在《质量管理体系认证规则》第 7.2 条（暂停证书）或第 7.3 条（撤销证书）的情形，即投诉事项所涉及的中标候选人管理体系认证有效，不存在应当否决投标的情形，故投诉缺乏事实根据，受理机关决定驳回投诉。

【启示】

投诉应当有明确的请求和充分的证明材料。对于投诉人来说，投诉中标候选人资格证明文件无效一般可以通过有关行政机关查询相关资质是否存在，或是被暂停、撤销或注销的情况。若无法提供相应证明材料会导致投诉被驳回。

六、投诉中标候选人拟派项目负责人业绩不合格

【案例 132】

招标投标投诉处理决定书

投诉人：×× 建设集团有限公司

被投诉人：×× 一建建设集团有限公司

投诉事项及主张：认为中标候选人拟派项目负责人业绩不符合招标文件要求。主张：根据招标公告要求的业绩，查清事实，请予认定公寓是否属于公共建筑范围之内，面积是否达到要求。

经查明：

（1）×× 省 ×× 医院 ×× 大楼改建工程项目招标文件第 5 页“第一章招标公告”资格条件“（二）拟派项目负责

人”中“4. 2014年1月1日起至投标截止日前［以工程竣（交）工验收记录（报告）上的时间为准］以项目负责人身份完成过单个工程建筑面积50000m²及以上且基坑深度12m及以上（以地下室大底板底标高为准）的公共建筑工程施工总承包业绩（公共建筑是指居住建筑以外的民用建筑，但不包括住宅、商住楼、厂房）”。

招标文件第14页“投标人须知前附表3.5（一）实质性响应招标文件资料”需提供“12.拟派项目负责人符合招标公告投标资格条件要求的业绩证明材料：工程竣（交）工验收记录（报告）”。

（2）中标候选人××一建建设集团有限公司投标文件中拟派项目负责人业绩为外交公寓改扩建，《单位工程质量竣工验收记录》中显示验收时间为2015年2月4日，建筑面积为84100m²，《地基验槽检查记录》显示基底相对标高15.35m，竣工图显示地下室大底板底标高为−15.200m。

（3）根据××市规划委员会核发的《建设工程规划许可证》，外交公寓改扩建为“城镇建筑工程——非居住项目”。

根据××市规划委员会出具的《建设工程规划核验（验收）意见》，外交公寓改扩建符合《建设工程规划许可证》批准的内容，同意核发《建设工程规划核验（验收）意见（合格告知书）》。

（4）××市住房和城乡建设委员会官网显示，外交公寓改扩建项目已经市住房城乡建设委竣工验收备案，施工单位

为 ×× 一建建设集团有限公司，施工单位项目负责人为周 ××。

（5）住房和城乡建设部颁布的《城市用地分类与规划建设用地标准》（GB 50137—2011）中将城市建设用地分为居住用地、公共管理与公共服务用地、商业服务业设施用地、工业用地、物流仓储用地、道路与交通设施用地、公用设施用地以及绿地与广场用地 8 大类、35 中类、42 小类。根据城市建设用地分类和代码，外事用地属于公共管理与公共服务用地，范围包括外国驻华使馆、领事馆、国际机构及其生活设施等用地。服务型公寓列入“旅馆用地”，属于商业服务业设施用地大类。

本机关认为：经调查，中标候选人拟派项目负责人业绩外交公寓改扩建项目属于公共建筑工程，面积和深度均满足招标文件的规定，业绩符合招标文件资格条件要求。根据《工程建设项目招标投标活动投诉处理办法》第二十条第（一）项规定，作出如下处理意见：投诉缺乏事实根据和法律依据，驳回投诉。

【评析】

本案例是投诉人认为中标候选人拟派的项目负责人业绩不属于招标文件要求的业绩而产生的投诉。

《招标投标法实施条例》第五十一条规定：“有下列情形之一的，评标委员会应当否决其投标：……（三）投标人不符合国家或者招标文件规定的资格条件……（六）投标文件没有对招标文件的实质性要求和条件作出响应。”《评标委员会和评标方法暂行规定》第二十二条规定：“投标人资格条件不符合国家有关规定和招标文件要求的，评标委员会可以否决其投标。”项目经理等关键人员业绩属于招标文件规定的资格条件中非常重要的一环，若投标人不满足该要求，在评标阶段应当否决其投标。

本案例中涉诉业绩的单个工程建筑面积、基坑深度等要素都满足招标文件的要求，最大的争议点在于所涉业绩是否属于“公共建筑”。根据《城市用地分类与规划建设用地标准》，外事用地属于公共管理与公共服务用地，且根据各项证明材料，涉诉业绩属于民用建筑，故投标文件中所列业绩符合招标文件要求。

【启示】

招标人应当根据项目的特点和需求，在招标文件中对投标人业绩的设定作出明确的要求，对一些专业名词的定义也应当与法律法规保持一致，避免遭到异议、投诉，从而影响招标项目的进度。

投标人制作投标文件时，提供的业绩材料要尽可能完整，例如本案例中的业绩要求为“工程建筑面积 50000m^2 及以上且基坑深度 12m 及以上的公共建筑工程施工总承包业绩”，关键要素为面积、基坑深度以及公共建筑工程的属性，投标人在提供业绩时要能够充分地证明符合这三个要素，否则可能像本案例中的被投诉人一样遭到不必要的异议或投诉。

七、投诉中标候选人投标文件内容不全

【案例 133】

招标投标投诉处理决定书

投诉人：×× 建设集团有限公司

被投诉人：×× 装饰工程集团有限公司

投诉事项及主张：反映中标候选人 ×× 装饰工程集团有限公司未在投标文件电子文件或纸质文件的任何一处中提供"综合单价分析表"，投标文件的重要组成部分缺失，投标文件残缺，要求取消 ×× 装饰工程集团有限公司中标候选人资格，重新评审此项目。

经查明：

（1）本项目招标文件中无有关"综合单价分析表"的任何规定，招标文件前附表"3.5 实质性响应招标文件及评审打分资料"中未涉及有关"综合单价分析表"的内容；前附表"10.1 否决投标的情形"中明确"除本条规定以外，招标文件中其他条款均不得作为否决投标文件的依据"，未发现该条款中设置了"未提供'综合单价分析表'，其投标文件将被否决"的规定。

招标补充文件（第 1 次）中有投标人提问："纸质标书可

否双面打印？‘综合单价分析表’是否需要打印？”招标人回答：“双面打印由投标人自行决定；‘综合单价分析表’需要打印。”

（2）招标文件“投标人须知前附表 3.7.4 投标文件份数”中“一、投标文件份数”中规定：“（一）加密电子投标文件（.ZJSTF）一份（上传至交易平台），作为投标文件正本。（二）与上传的电子投标文件内容完全一致的纸质投标文件一份，作为投标文件副本”。

本款“三、纸质投标文件说明”中规定：“（二）因系统原因所有投标人上传的电子投标文件均无法解密时方采用纸质投标文件开标”。

（3）招标文件“投标人须知前附表 5.2 开标”中规定了开标程序，由招标人和投标人在线解密投标文件完成开标程序。

本款“五、开标特别说明”规定“（四）因系统原因所有投标人的电子投标文件均无法解密时方采用纸质投标文件开标”。

（4）本项目成功解密了投标人上传的电子投标文件，顺利完成开标，未启用纸质投标文件，纸质投标文件不作为评审依据。

（5）中标候选人在电子投标文件商务标部分已标价工程量清单中提供了“综合单价分析表”（在省级电子招标投标交易平台中的对应名称为“工程量清单综合单价计算表”）。

（6）《建设工程工程量清单计价规范》（GB 50500—2013）未将综合单价分析表及相关内容列为强制性条文。

本机关认为：经调查，中标候选人电子投标文件中提供了“综合单价分析表”（在省级电子招标投标交易平台中的对应名称为“工程量清单综合单价计算表”），投诉人反映的中标候选人电子投标文件未提供“综合单价分析表”与事实不符。该项目按照招标文件的约定完成对电子投标文件开标，未启用纸质投标文件，评标专家依据电子投标文件作出评审意见，纸质投标文件不是专家评标的依据，是否提供“综合单价分析表”并不影响评审结果。根据《工程建设项目招标投标活动投诉处理办法》第二十条第（一）项规定，作出如下处理意见：投诉缺乏事实根据和法律依据，驳回投诉。

【评析】

本案例是由于投诉人认为中标候选人投标文件格式内容不全，评标委员会应否未否而产生的投诉。

在评标实务中，否决投标有严格的条件，只有符合法律法规或招标文件关于否决投标情形的规定的投标才能予以否决。《招标投标法实施条例》第五十一条规定了否决投标的常见情形。《评标委员会和评标方法暂行规定》第二十五条对未能对招标文件作出实质性响应的重大偏差进行了列举。而本案例中，招标文件并未将纸质投标文件中未包含“综合单价分析表”或者投标文件格式内容不全作为“否决投标的情形”，故只有当内容不全且构成上述否决条件的投标才能予以否决。虽然招标补充文件中，招标人对投标人回答“‘综合单价分析表’需要打印”，但这只能视为招标人对招标文件“一、投标文件份数”中“（二）与上传的电子投标文件内容完全一致的纸质投标文件一份，作为投标文件副本”的细化解释，并不能因该回答认为招标人将纸质文件不完整或未提供纸质版“综合单价分析表”作为否决投标的情形。

【启示】

否决投标的条件与标准，都应在招标文件中详细列明；只有符合法律法规或者招标文件规定的否决条件才能否决投标。对于投标文件中不属于实质性的偏差且未构成否决条件的事项，不得否决投标。

在电子 / 纸质等双轨制的投标中，投标人应保证正本、副本的完整性与一致性，避免造成后期不必要的投诉。

八、投诉中标候选人业绩不满足招标文件要求请求重新招标

【案例 134】

招标投标投诉处理决定书

投诉人：×× 公路水运工程咨询事务所

被投诉人：评标委员会

投诉事项及主张：投诉人反映，×× 航道招标代理标段公示的中标候选人业绩无法满足本次招标的投标人业绩最低要求，主张否决其中标候选人投标并重新招标。

经查明：

（1）招标文件（含补充文件）规定投标人业绩最低要求为“自 2012 年 7 月 1 日起至投标截止日期止（以施工中标通知书时间为准），具有 5km 及以上的三级及以上新建或改扩建内河航道工程（至少包含护岸工程）施工的招标代理业绩”。

（2）中标候选人投标文件只提供了一个业绩：×× 堤岸（×× 桥至 ×× 桥段）景观工程招标代理，其证明材料（代理合同、施工中标通知书）中均未体现航道等级，仅在一份说明中表述：“本项目处于 ×× 干流，根据水利部水管〔1994〕106 号文规定，×× 干流属于一级内河航道”。但此说明为中标候选人自行出具，未加盖业绩项目业主的公章。

（3）评标报告显示，除 ×× 工程咨询有限公司被否决投标外，其余投标人（包括中标候选人）均符合招标文件要求，通过初步评审。

（4）水利部水管〔1994〕106 号文为《河道等级划分办法》，其内容仅涉及河道等级划分，与“航道等级”属于不同概念，无法证明投标人业绩为一级航道。

本机关认为：经调查核实，×× 航道招标代理招标标段中标候选人提供的业绩不符合招标文件资格条件要求，投诉反映的情况属实。根据《招标投标法实施条例》第七十一条、《工程建设项目招标投标活动投诉处理办法》第二十条第（二）项的规定，作出如下处理意见：投诉成立，责令评标委员会改正。

【评析】

本案例的关键问题是中标候选人所提供业绩中的“一级内河航道”是否属于招标文件要求的“航道工程”。根据《中华人民共和国河道管理条例》第六条规定“河道等级标准由国务院水利行政主管部门制定。”《河道等级划分办法》（即水利部水管〔1994〕106号文）第二条规定“本办法适用于中华人民共和国领域内的所有河道。跨国河道和国际边界河道不适用本办法。河道内的航道等级按交通部门有关航道标准划定。”《中华人民共和国航道管理条例》第十条规定“航道应当划分技术等级。航道技术等级的划分，由省、自治区、直辖市交通主管部门或交通部派驻水系的管理机构根据通航标准提出方案。一至四级航道由交通部会同水利电力部及其他有关部门研究批准，报国务院备案。”由此可见，河道的等级划分与河道内航道等级的划分主体不同，标准也不同。本案例中标候选人投标文件中所述“一级内河航道”与招标文件中的“航道等级”并非同一概念，该业绩应认定为无效。

根据《招标投标法实施条例》第五十一条及《评标委员会和评标方法暂行规定》第二十三条规定，本案例中的中标候选人所提供的业绩未实质性响应招标文件，理应予以否决，但是评标委员会未将其否决，还推荐其为中标候选人，故行政监督部门认定投诉人的投诉成立，责令评标委员会改正。

【启示】

评标委员会在对投标人的业绩进行认定时应当查明资格证明文件内容的真实性与准确性，以保证评标结果的公正性。

投标人在制作投标文件时应遵守诚实信用原则，对于业绩等证明文件应尽量提供业主证明等第三方证明材料，更具说服力。

九、投诉其他投标人投标文件未实质性响应招标文件技术要求

【案例 135】

招标投标投诉处理决定书

投诉人：×× 电子信息机器有限公司

被投诉人：×× 信息工程有限公司

招标人：×× 轨道交通有限公司

投诉人称：

（1）×× 城际快速轨道交通 ×× 至 ×× 段工程治安监控通信系统采购项目招标文件明确要求“临时中心汇聚以太网交换机”业务槽位为竖业务槽位，被投诉人所投的 ZXR108912 为横业务槽位，不满足招标文件“业务槽位数量≥ 10，要求

采用竖业务槽位”的规定；ZXR108912 交换机在机架内无法做到 90° 倾倒放置。

（2）根据招标文件要求，“临时中心汇聚以太网交换机”支持分布式组播 VPN、支持 BFDforVRRP/BGP/IS-IS/OSPF/RSVP/ 静态路由，实现各协议的快速故障检测机制，故障检测时间小于 50ms，支持防火墙、IPS 等安全插卡。被投诉人上述几项技术指标均不满足招标文件要求。

（3）被投诉人所投“派出所以太网交换机”端口数量、交换容量、包转发率、支持万兆接口扩展能力、支持 802.1x 和 Portal 认证、支持业界标准（RFC 标准）的流量分析协议、支持硬件 IPv6、支持静态路由、OSPFV3、支持 ISATAP 隧道、6to4 隧道、手工隧道方面不满足招标文件要求。

被投诉人称，其公司所选用的 ×× 通信产品各方面性能、参数指标均优于招标文件要求。被投诉人提供了 ×× 通信股份有限公司 ×× 办事处的《关于 ×× 城际快速轨道交通 ×× 至 ×× 段工程治安监控通信系统采购项目 ×× 段交换机设备的承诺函》，函中承诺：ZXR108912 交换机业务插槽数为 12 个，采用横业务槽位，所投产品各方面性能、参数均优于招标文件要求；ZXR108912 交换机支持分布式组播 VPN；ZXR108912 支持防火墙、IPS 等安全插卡；ZXR108912 支持 BFDforVRRP/BGP/IS-IS/OSPF/RSVP/ 静态路由等，实现各协议的快速故障检测机制，故障检测时间小于 50ms。

招标人称，根据招标文件第32.4条“投标文件中技术参数、功能或其他内容相当或优于用户需求书要求的部分不视作偏离，不构成否决投标的规定”。关于上述内容投诉人认为被投诉人投标文件中不响应招标文件的各项指标及参数问题，招标人认为被投诉人所投产品技术指标及参数均满足或者优于招标文件要求。

关于投诉人反映被投诉人所选用的“临时中心汇聚以太网”“派出所以太网交换机”产品业务槽位不符合招标文件要求的问题，招标人认为，竖业务槽位和横业务槽位只是设备摆放的区别，没有实质性的功能影响，被投诉人采用横业务槽位不影响设备使用。

综上所述，本委认为，否定被投诉人的中标资格依据不足。根据《工程建设项目招标投标活动投诉处理办法》第二十条第（一）项的规定，驳回投诉。

【评析】

本案例是推荐中标候选人疑似投标文件技术参数不满足招标文件的要求而产生的投诉。

《招标投标法》第二十七条规定：“投标人应当按照招标文件的要求编制投标文件。投标文件应当对招标文件提出的实质性要求和条件作出响应。”《招标投标法实施条例》第五十一条规定：“有下列情形之一的，评标委员会应当否决其投标：……（六）投标文件没有对招标文件的实质性要求和条件作出响应。"《评标委员会和评标方法暂行规定》第二十三条规定："未能在实质上响应的投标，应当予以否决。"该规定第二十五条规定："下列情况属于重大偏差：……（四）明显不符合技术规格、技术标准的要求……投标文件有上述情形之一的，为未能对招标文件作出实质性响应，并按本规定第二十三条规定作否决投标处理。"本案例中的招标文件也明确规定了"卖方所提供货物与服务必须使交付的设备完全满足技术规格的要求"。

本案例中，被投诉人所响应的产品除了横槽与竖槽的区别外，其他的技术参数都满足或者优于招标文件的要求。投标文件响应的"采用横业务槽位"与招标文件要求的"采用竖业务槽位"是否构成重大偏差应是本投诉处理的关键。首先，招标文件未将业务槽位注明为重要条款；其次，招标人已认为"竖业务槽位和横业务槽位只是设备摆放的区别，没有实质性的功能影响，被投诉人采用横业务槽位不影响设备使用"，故该偏差不属于超出允许偏离的最大范围，故不应认定该事项属于重大偏离，该投诉事项应当予以驳回。

【启示】

对于货物招标，招标文件技术规范应明确区分关键参数与非关键参数，建议用"*"号代表关键参数，让投标人一目了然，避免后期引发异议甚至投诉。投标人对技术参数的响应应尽可能与招标文件的要求保持一致，避免出现与招标文件不一致或者相反的表述，从而被否决。

一般认为，以下情形属于不符合招标文件规定的技术规格、技术标准和要求：①投标文件技术参数的响应不能满足招标文件技术规范中加注“*”号的条款或者明确注明为实质性要求，或加注“*”号的条款或者明确注明为实质性要求的条款无符合招标文件要求的技术资料支持的。②投标文件响应的一般技术参数超出允许偏离的最大范围或最多项数的。③投标文件响应的技术参数与事实不符或虚假投标的。④投标人复制招标文件技术规范相关参数内容作为其投标文件一部分内容的。

第八节　投诉招标人未依法定标

【案例 136】

招标投标投诉处理决定书

投诉人：泰 × 建筑装饰设计工程有限公司（以下简称泰 × 公司）

被投诉人：申 × 快捷酒店有限公司（以下简称申 × 公司）

1. 投诉人的投诉事项及主张

申 × 公司未按照招标文件中投标人须知前附表第 7.1 条

规定确定中标人。请求依据法律法规确定泰 × 公司为中标人。

2. 调查的基本事实

申 × 快捷酒店项目经评标委员会评审，推荐泰 × 公司为第一中标候选人，金 × 公司为第二中标候选人。中标候选人公示后，申 × 公司发现第一中标候选人泰 × 公司与威 × 公司存在正在审理的诉讼案件。申 × 公司依据招标文件投标人须知前附表第 11.2.1 条“涉及‘诉讼、仲裁’事项的处理方法：在招标投标阶段发现投标人正处在诉讼、仲裁期间(且基本账户查封）的，按投标无效处理……”的约定，确定泰 × 公司中标无效。随后，申 × 公司依据招标文件投标人须知前附表第 7.1 条“经招标人确认，确定第一名为中标人，若排名第一的中标候选人放弃中标、因不可抗力不能履行合同或者被查实存在影响中标结果的违法行为等情形，不符合中标条件的，招标人可以按照评标委员会提出的中标候选人名单排序依次确定其他中标候选人为中标人或重新招标”的约定，确定第二中标候选人金 × 公司为中标人，并于 2022 年 2 月 7 日，在 ×× 市公共资源交易平台网站发布中标公告。

经我局调查，威 × 公司于 2020 年 1 月 2 日因承揽合同纠纷将泰 × 公司起诉，×× 市 ×× 区人民法院于 2020 年 7 月 20 日判决驳回威 × 公司的诉讼请求；威 × 公司上诉，×× 市中级人民法院于 2020 年 9 月 9 日判决驳回上诉，维持原判；威 × 公司不服生效判决，向 ×× 省高级人民法院申请再审，×× 省高级人民法院于 2021 年 8 月 23 日裁定发回再审；×× 市中级人民法院于2021年12月7日开庭，裁定发回重审，×× 市 ×× 区人民法院分别于2022年2月21日和2022年3月21日开庭审理此案。此外，2020年11月3日，威 × 公司因承揽合同纠纷将泰 × 公司起诉，×× 市 ×× 区人民法院于2021年1月20日判决驳回威 × 公司诉讼请求；威 × 公司上诉，×× 市中级人民法院裁定驳回上诉，维持原判；威 × 公司申请再审，×× 省高级人民法院于2021年12月13日裁定发回再审，×× 市中级人民法院裁定发重审。截止到2022年2月11日，泰 × 公司的基本账户未因以上诉讼案件被冻结。

3. 处理意见

我局认为，依据招标文件投标人须知前附表第11.2.1条约定的涉及“诉讼、仲裁”事项处理方法，在中标通知书发出前按中标无效处理的，应同时满足“处在诉讼、仲裁期间”和“基本账户被冻结”两个条件。泰 × 公司虽与威 × 公司存在正在审理的诉讼案件，但在此期间，其基本账户并未被冻结，招标人申 × 公司依据招标文件投标人须知前附表第11.2.1条确定泰 × 公司中标无效，以及依据招标文件投标人须知前附表第7.1条确定金 × 公司为中标人的行为不当。综上所述，本局决定如下：

申 × 快捷酒店项目中标人金 × 公司的中标无效，责令招标人申 × 公司按照招标文件约定重新确定中标人。

【评析】

本案例是招标人因认为中标候选人存在诉讼案件而确认其他候选人为中标人产生的投诉。根据《招标投标法实施条例》第五十六条规定，“中标候选人的经营、财务状况发生较大变化或者存在违法行为，招标人认为可能影响其履约能力的，应当在发出中标通知书前由原评标委员会按照招标文件规定的标准和方法审查确认。”本案例中，招标人在中标候选人公示期间发现了中标候选人有存在正在进行的诉讼，固然可以认为中标候选人的经营、财务状况与投标文件所体现的内容发生较大变化。但这是否确实影响其履约能力呢？首先，案涉项目中标候选人所涉及的案件虽然都是作为被告，但每一级法院的判决均对其有利；其次，法院并未对中标候选人实施财产保全等措施。因此可以认为，中标候选人所涉及的诉讼使其财产减少的可能性小，但即使其败诉，也不会对其造成财产不能履行全部债务的影响。因此，该中标候选人正在进行的诉讼并未影响其履约能力。

综上所述，该中标候选人并不存在中标无效的情形，被投诉人确认第二中标候选人为中标人的，其中标无效，根据《招标投标法》第六十四条规定应重新确定中标人。

【启示】

招标活动中，招标人为了确保投标人中标后有履约能力，可以在招标文件中要求投标人提供无正在进行的诉讼、仲裁等可能影响履约能力的证明材料。对于此类证明，宜区分具体情况分类。如果投标人在所涉及的诉讼中是原告，此情形下不应认定该投标人因诉讼案件影响履约能力，反而投标人会因为其可能的胜诉而履约能力更佳。如果投标人所涉及的诉讼是被告，但是经法院审理的判决结果暂时对投标人有利的，也不宜认定该投标人因诉讼案件影响履约能力。只有投标人作为被告且已被法院依法采取财产保全等措施，或者法院已作出对投标人不利的判决，或者投标人已被人民法院强制执行等情形下，方宜认定可能影响投标人履约能力。